环境公共治理与公共政策译丛
化学品风险与环境健康安全(EHS)管理丛书子系列
“十三五”国家重点图书

安全与环境

［英］丽塔·弗洛伊德 著
张 良 主译

華東理工大學出版社
EAST CHINA UNIVERSITY OF SCIENCE AND TECHNOLOGY PRESS
·上海·

图书在版编目(CIP)数据

安全与环境 / (英) 丽塔·弗洛伊德(Rita Floyd)著;张良主译. —上海: 华东理工大学出版社,2020.9
(环境公共治理与公共政策译丛)
书名原文: Security and the Environment: Securitisation Theory and US Environmental Security Policy
ISBN 978-7-5628-4958-2

Ⅰ.①安… Ⅱ.①丽… ②张… Ⅲ.①环境管理—研究 Ⅳ.①X32

中国版本图书馆 CIP 数据核字(2020)第 176828 号

上海市版权局著作权合同登记 图字: 09-2017-185 号

策划编辑 / 刘 军
责任编辑 / 王凯莉 秦静良
装帧设计 / 靳天宇
出版发行 / 华东理工大学出版社有限公司
地址: 上海市梅陇路 130 号,200237
电话: 021-64250306
网址: www.ecustpress.cn
邮箱: zongbianban@ecustpress.cn
印 刷 / 江苏凤凰数码印务有限公司
开 本 / 710 mm×1000 mm 1/16
印 张 / 10
字 数 / 172 千字
版 次 / 2020 年 9 月第 1 版
印 次 / 2020 年 9 月第 1 次
定 价 / 78.00 元

学术委员会

“环境公共治理与公共政策译丛”总序

环境问题已然成为21世纪人类社会关心的重大议题，也是未来若干年我国经济社会发展中需要面对的突出问题。

改革开放以来，经过40年的高速发展，我国经济建设取得了举世瞩目的巨大成就。然而，在“唯GDP”论英雄、唯发展速度论成败的思维导向下，“重发展，轻环保；重生产，轻生态”的情况较为普遍地存在，我国的生态环境受到各种生产活动及城乡生活等造成的复合性污染的不利影响，长期积累的大气、水、土壤等污染的问题日益突出，成为制约我国经济社会可持续发展的瓶颈。社会大众对改善生态环境的呼声不断高涨，加强环境治理已经迫在眉睫。

建设生态文明，关系人民福祉，关乎民族未来。党的十八大把生态文明建设纳入中国特色社会主义事业“五位一体”总体布局，明确提出大力推进生态文明建设，努力建设美丽中国，实现中华民族永续发展。党的十八届五中全会通过的《中共中央关于制定国民经济和社会发展第十三个五年规划的建议》提出了“创新、协调、绿色、开放、共享”五大发展理念，完整构成了我国发展战略的新图景，充分体现了国家治理现代化的新要求。五大发展理念是一个有机联系的整体，其中“绿色”是对我国未来发展的最为“底色”的要求，倡导绿色发展是传统的环境保护观念向环境治理理念的升华，也是加快环境治理体制机制改革创新的契机。

环境是人类生存和发展所必需的物质条件的综合体，既是生态系统的有机组成部分，也可以被视为资源的价值利用过程；而环境污染则是资源利用不当而造成的对环境的消极影响或不利于人类生存和发展的状况，在某些条件下，它会进一步引发公共安全问题。因此，我们必须站在系统性的视角，在环境治理体制机制的改革创新中纳入资源利用、公共安全等因素。进入21世纪以来，国际社会积极探寻环境治理的新模式和新路径，公共治理作为一种新兴的公共管理潮流，呼唤着有关方面探索和走向新的环境公共治理模式。环境公共治理的关键点在于突出环境治理的整体性、系统性特点和要求，推动实现政府、市场和社会之间的协同互动，实现制度、政策和技术之间的功能耦合。

华东理工大学经过60多年的发展，在资源与环境领域的基础科学和应用科学研究及学科建设方面具有显著的优势。为顺应时代发展的迫切需要，在服务社会经济发展的同时加快公共管理学科的发展，并形成我校公共管理学科及公共管理硕士(MPA)教育的亮点和特色，根据校内外专家的建议，学校决定将"资源、环境与公共安全管理"作为我校公共管理学科新的特色发展方向，围绕资源环境公共治理的制度创新和政策创新整合学科资源，实现现实状况调研与基础理论研究同步推进，力图在构建我国资源、环境与公共安全管理的理论体系方面取得实质性业绩，刻下"华理"探索的印迹。

作为"资源、环境与公共安全管理"特色方向建设起步阶段的重要步骤，华东理工大学MPA教育中心组织了"环境公共治理与公共政策译丛"的翻译工作。本译丛选择的是近年来国际上在环境公共治理和公共政策领域颇具影响力的著作，这些著作体现了该领域最新的国际研究进展和研究成果。希望本译丛的翻译出版能为我国资源、环境与公共安全管理领域的学术研究和学科建设提供有益的借鉴。

本译丛作为"十三五"国家重点图书出版规划项目"化学品风险与环境健康安全(EHS)管理丛书"的子系列，得到了华东理工大学资源与环境工程学院于建国教授、刘勇弟教授、汪华林教授、林匡飞教授等的关心和帮助，特别是得到了修光利教授的鼎力支持，体现了环境公共治理所追求的制度、政策和技术整合贯通的理想状态，也体现了全球学科发展综合性、融合性的新趋向。

华东理工大学社会与公共管理学院MPA教育中心主任

张　良

2018年7月

目　　录

引　言

在极具影响力的哥本哈根学派安全化理论的基础上，本书提出了一个修正了的安全化理论，这一理论既能够对安全化主体的意图进行洞察，同时也能够经得起在环境安全领域内进行的安全化与非安全化的道德评价。安全化理论认为，当国际关系中的某一个事件上升为一种政治危机问题或者安全问题时，并不是因为这一事件本身对国家或者某些实体构成了客观威胁，而是因为一个有影响力的安全化主体声称，这一事件对一些客体构成了实质性的威胁，并且这些客体如果想要长期生存下去，就必须立即处理和解决这些威胁。这里所提到的，某件事情被说出来，然后被实践，从语言学理论的角度来看可被称为"施为性言语行为"。因而在安全化理论中，只有当假设的受众接受了言语行为时，"施为性言语行为"（也就是安全化行动）才会成为完全的安全化问题。某个问题一旦被受众所接受，那么它就会从原先的普通政治领域的问题转变为危机政治领域的问题，这意味着它可以得到快速解决，并且不受政策制定的一般规则的约束。就安全概念来说，没有任何解释会跳出这个逻辑。安全是一种自我指向性的实践，它的意义在于如何去处理安全问题本身。

安全是一种自我指向性的实践，这不仅是安全化理论的本质，也是这一理论得以普及和解读的奥秘所在。这一表述比其他理论更为简洁，也让安全化研究者能够解释关于安全问题争论的本质，即对同一个概念可能会有完全不同甚至截然相反的理解。尽管这一点在既有的安全化理论中已经是一个非常明确的观点，但是哥本哈根学派的主要关注点还是放在"安全是一种自我指向性的实践"这一问题上，这使得其理论框架有两个主要缺陷。第一，研究者在应用哥本哈根学派安全化理论时只能去研究使某事成为一个安全问题的（自指性）实践。[1] 因

① Ole Waever, *Concepts of Security* (Copenhagen: Institute of Political Science, University of Copenhange, 1997), p.48 (emphasis in the original).（为求准确，本书对所有涉及英文文献引用的脚注不做处理，均采用原版书格式。）

此，安全化研究者还需要继续研究以下具体问题，比如谁可以确保安全，什么问题是安全问题，在何种条件下需要确保安全，以及这些会带来什么样的影响和后果等。① 但是，在安全实践以外的问题都被无视了，比如有关安全化主体的意图（“为什么那些参与主体要将某个问题安全化？”）等。② 在本书中，我对安全化理论进行了修正，这使研究者可以考虑安全化主体的意图。我认为，关于安全化主体意图的至关重要的证据在所有受益方的安全政策中都可以被找到。

第二，安全是自指性的实践，这没有给什么是安全议题，什么应该被安全化留有解释空间。③ 在哥本哈根学派的理论框架下，安全化研究者和安全化主体是“分工明确”的两个主体，在安全问题的所有分析框架中，安全化研究者无法担任安全化主体的角色。④ 但是，这并不意味着哥本哈根学派同意其他任何既有的安全化理论的观点⑤，该学派对安全化以及非安全化的内涵解释都有明确的观点。他们认为，在绝大多数情况下，安全化在道德上是错误的，而非安全化在道德上是正确的。⑥ 显然，他们依据安全化与非安全化所造成的影响及结果得出了这个结论。在安全化的情况下，他们认为结果

---

① Waever, *Concepts of Security*, pp.14, 48; Buzan et al., *Security*, p.27.

② 我在这里故意用了“无视”这个词，因为哥本哈根学派没有说明为什么主体要安全化。本文后面会提到，奥利·维夫（Ole Waever）拒绝对此进行分析。为了保持理论的完整性，在《安全：一个新的研究框架》（Boulder: Lynne Rienner, 1998, p.27）中，巴里·布赞（Barry Buzan）、奥利·维夫和贾普·迪·怀尔德（Jaap De Wilde）把为什么主体需要进行安全化列为进行安全行为研究时需要回答的问题。他们认为，“在安全本质的基础上，安全化理论想要更好地理解谁需要、在什么事件（威胁）时进行安全化，为了谁（指涉对象），为什么，有什么结果，在什么情况下（比如，用什么解释安全化成功）”（Boulder: Lynne Rienner, 1998, p.32）。对“为什么”的回答包括通过安全化理论可以做到什么，但并不代表有能力对安全化主体的意图进行理论化提炼。一旦人们分析了(a) 涉及安全，谁做了什么，(b) 主体认为什么威胁是危险的，人们就了解了安全化主体为什么认为安全手段是必要的。换句话说，安全化研究者回答为什么主体需要进行安全化，正是重复安全化主体自己所说的内容。第二章将提到解决这一问题的方法。

③ 更具体地说，哥本哈根学派认为：“我们的安全化方法是关于安全的建构主义，最终是一种特定的社会实践形式。安全问题是由安全化行为引起的。我们不通过窥探来决定这是不是一个威胁（因为这样会使整个安全化方法简化为感知和误解理论）。安全是将一个符合标准的安全化主体加入事件中，这意味着把他们放上政治舞台，使他们被足够多的受众接受，以便进行特别的防御行为。”（Buzan et al., *Security*, p.204）

④ Buzan et al., *Security*, pp.33 - 34.

⑤ Buzan et al., *Security*, p.34.

⑥ 接下来，我会交替使用道德正确和道德允许、道德错误和道德禁止。尽管哥本哈根学派并没有涉及其中任何一个表述，但是他们提到的“安全化应该被视为消极的，而非安全化是长期的最优化选择”（Buzan et al., *Security*, p.29）也表明了相同的意思。在之前出版的文章中，我用了积极的和消极的而不是道德正确和道德错误，但我找不到任何理由继续用这个提法而不使用道德语言。尽管哥本哈根学派对安全化与非安全化有自己的观点，但他们承认安全化具有特别的动员能力，有时会带来好的结果，同时动员能力具有一定的吸引力。他们认为，“有些情况下（例如，国家面对无情的或野蛮的侵略者时）的安全化是不可避免的。因为具有优先性，所以安全化也会有策略性的吸引力，如作为对环境问题引起足够注意的一种方式”（Buzan et al., *Security*, p.29）。

是非民主化、非政治化、安全困境和冲突。在非安全化的情况下,他们期望结果是政治化、理解、辩论和开放。尽管实现非安全化并不是安全化研究者的目标(批判性安全化研究者想要实现解放或者鼓励自我解放),但是安全化研究者通过对安全化的影响进行深刻的观察和剖析,他们有能力缩减全球范围内安全问题和安全困境的规模与数量。[①]

哥本哈根学派预测,在有关安全化与非安全化结果的研究方面,安全化研究者会得到和他们非常接近的结论,奥利・维夫(安全化理论创始人)表示:“指出非安全化的重要性是安全化研究者的责任。”[②]这也是哥本哈根学派所要表达的意思:“探讨安全化的目的之一应该是,使人们有可能去评判将一个问题安全化是好还是不好。”[③]但是,认真揣摩哥本哈根学派的“安全化与非安全化是根据结果来判定的”这一观点之后,我们对它很难苟同。我们并不依据结果来决定是安全化还是非安全化,这不仅是因为安全化并非只导致争端和安全困境,而且即使安全化导致民主政治的中止,也只有当我们重视对所有事情都做出民主决策时,才可以说这是一种道德错误的结果。举例来说,假设安全政策的受益者是大多数人而非掌权者和社会精英,如果我们将减少人类不幸作为首要任务,那么中止民主政治在道德上就是被允许的。

在本书中,通过运用环境安全领域的案例,我想要说明的是,安全化在道德上并不是完全错误的,它在道德上也可以是被允许的,这取决于环境安全政策的受益者是谁。同样,只有在非安全化导致政治化的情况下,非安全化才在道德上是正确的,这是哥本哈根学派预言的结论。我想再次说明,非安全化并不总是能产生预期的结果,它也可能会导致非政治化。从根本上来说,非安全化在道德上既可以是被允许的,也可以是被禁止的,这取决于它带来的结果是什么。

推论意图的能力和以道德评价安全政策的能力是安全化理论分析中至关重要的部分。鉴于此,改进哥本哈根学派理论中所存在的两个主要不足之处是十分重要的。正因如此,我的目标是在本书中提出一个更加有效的安全化理论。

---

① Buzan et al., *Security*, p.206.

② 维夫教授在丹麦哥本哈根(2004 年 11 月 29 日至 2004 年 12 月 3 日)主持了博士培训课程“对安全化理论的批评”,这一观点在该课程中被反复提及。

③ Buzan et al., *Security*, p.34 (emphasis added).

【章节概述】

本书包含七章内容。第一章是对安全化理论的详细分析。该章由三部分组成,第一部分分析了约翰·L.奥斯汀(John L. Austin)、雅克·德里达(Jacques Derrida)、卡尔·施密特(Carl Schmitt)和肯尼思·华尔兹(Kenneth Waltz)(哥本哈根学派的智慧的先驱者)论著中有哪些方面是与安全化理论相关的。我认为,安全化理论各个方面的内容(其中最值得被注意的部分是本书的主旨)在这些思想家的论著中都可以找到相关解释。第二部分分析了"后结构现实主义"(奥利·维夫自述的立场)对于安全化理论的意义。我认为,安全化理论分析的优点和缺点都源自这个概念。第三部分分析了安全化理论在演变中的一致性,着重分析了其中从国家中心到国家主导的这一转变。我认为,从安全化理论的观点来看,这一转变与安全化理论的逻辑是相一致的。进一步来说,只要安全化实际存在,安全化理论的基本核心对将来就是一直有用的,这也正说明改进安全化理论是明智的。

第二章提出了修正的安全化理论。第一步,和哥本哈根学派不同,我认为安全化不是当受众接受了存在威胁性的论断时才存在,而是当相关代理人(安全化主体)改变相关行为时就已存在,当然这是由代理人根据这些存在的威胁性进行判断的。安全化是由两个部分即存在威胁性的论断(安全化行动)和之后的安全实践组成。第二步,我降低了成功实施安全化的标准,即凭借现有的道德即可,而不是在打破了既定规则或采取了紧急措施之后才能成功实施安全化。预示这一进程的一个很重要的具有决定性的观点是(这是哥本哈根学派对安全化实施成功与否的判定标准),尽管一个安全化问题没有相关的后续措施跟进,但安全化主体仍然有理由解释他们为什么对这个问题进行安全化,这就是要获取安全化主体意图的原因。第三步,循着这一轨迹,我提出安全化应该呈现两种形式,这两种形式都能让我们深入理解安全化主体的意图。第一种形式是安全实践与安全变化过程相对应的安全化。在这种情况下,安全化主体的意图是寻获安全化的指涉对象,也就是该主体所认为的受到威胁的对象,我将这称作"指涉对象获益的安全化"。第二种形式是安全实践与安全变化过程无法对应的安全化。此时受益的不是指涉对象,而是安全化主体,该主体通过寻找理由或者保持现有的经费规模来获取利益。在这种情况下,我们有理由说,某个问题被安全化了是因为安全化主体可以从中获益。与此相类似,我将这种类型称作"代理人(安全化主体)获益的安全化”。

现有的安全化理论只有包含非安全化概念才是完整的。对非安全化的一个假设是,它是安全化被推翻的一个过程,先前被安全化的那些问题也都“脱离紧急状态而进入普通政治范畴的讨论过程”①。第四步,我提出上述的这个假设过于简单,认为这个等式之所以能够成立,是因为哥本哈根学派对“政治化”的定义过于宽泛,以至于非安全化似乎总是会导致政治化。因此,我对“政治化”给出了一个更精确的定义,即政治化只存在于正式的政治权力下,在此基础上,有可能得出非安全化有时会导致非政治化的说法。第五步,我建议区别谁或什么应从安全化中受益,以及两种类型的非安全化(“非安全化即政治化”和“非安全化即非政治化”),这可以促使我们开始思考在环境安全方面安全化和非安全化的道德正确与道德错误。

第三章是三章实证研究中的第一章,目的是以美国 1993 年至 2009 年的环境安全为例来验证我修正过的安全化理论。该章分析了美国环境安全加剧的问题以及安全定位的变化。在 1991 年的《美国国家安全战略报告》(简称《国家安全战略报告》)中,环境安全第一次被提及,之后成为克林顿政府官员经常提及的一个核心概念。随后环境问题被安全化了,成为环境安全问题。尽管在 1993 年至 2000 年的相关文献中,克林顿政府的美国环境安全是安全领域最为常见的一个例子,但是对克林顿政府做出环境安全化的理由进行综合分析仍然极为重要。

除了政策制定者的政治言论之外,第四章还研究了在环境安全方面到底发生了什么变化。我会证明存在的威胁性理由与安全问题的现实情况是不对应的。根据我的安全化理论,我认为安全化的受益人不是安全的指涉对象(案例中的美国人民),而是环境安全中的安全化主体,这是一个代理人(安全化主体)受益的例子。

在第五章中,我还研究了从 2001 年至 2009 年两届乔治 · W. 布什政府制定的环境安全政策。我认为这是“非安全化即非政治化”的一个例证,因为布什政府不再将之前的环境安全问题作为安全领域的内容,而且环境安全甚至从政府工作的议程中消失了。

第六章是关于环境问题安全化与非安全化的道德评价。根据哥本哈根学派的理论推断,我认为安全化没有内在的本质价值,重要的是安全化的结果本身。关注于结果,这在现代伦理学中被称作结果主义。结果主义者认

① Buzan et al., *Security*, p.4.

为，不管在任何情况下，正确的行为就是将最好的结果最大化。[1] 反过来，他们所认为的最好的结果取决于他们所认同的价值。我与大多数结果主义者一样，都将人类福祉作为最高价值，我认为对于人类福祉来说，一个正常运作的非人造的自然环境是不可或缺的。在此基础上，我才可以说，只有把环境安全作为人类社会的安全才是“道德允许”的，因为只有这样，人类社会才是安全政策的受益者。其他的所有环境安全途径(将环境安全作为国家安全或者生态安全)提出的不同的环境安全指涉对象，在道德上是站不住脚的。提到非安全化，那种认为环境对人类社会是极为可贵的说法，意味着只有“非安全化即政治化”才是符合道德的，毕竟全球环境保护需要最高级别的政治领导。

第七章是本书的总结。本章简单地介绍了修正的安全化理论的含义，并且提出了之后深入研究的路径。我认为，我的研究也与其他方面的安全相关(哥本哈根学派定义的安全问题包括军事安全、社会安全、政治安全和经济安全)，如果环境安全的安全化和非安全化中存在道德上正确或道德上错误，那么我们就可以认为这种区别在其他安全领域方面也是存在的。尽管我对环境领域安全化和非安全化的道德评价并不代表对其他领域安全问题的看法，但我认为这也为深入研究如何从总体上对安全政策进行道德评价提供了参考。

① 经常最大化，但也有一些例外。例如，迈克尔·A.斯洛特(Michael A. Slote)的满意结果主义认为，如果结果是好的，那么行为就是有道德的、正确的。参阅 Michael A. Slote, *Common-sense Morality and Consequentialism* (London: Routledge & Kegan Paul, 1985).

第一章　安全化理论的本质

在奥利·维夫有关安全化理论的著作中，有三个一再出现并令人费解的问题，尽管每个问题都对我们全面理解安全化理论至关重要，但它们仍未得到解释。首先，有一种说法认为，哥本哈根学派智慧的先驱们是不同理论家的非常规组合。根据奥利·维夫的说法，这些学者除了约翰·L.奥斯汀、雅克·德里达之外，还有卡尔·施密特和肯尼思·华尔兹。[①] 但是，除了从某个或某几个学者那里找到一些零星的参考资料外，我们究竟能从他们那里确切地得到什么，以及反过来这些参考资料又对安全化理论的研究领域有何意义，这些都还不清楚。因此，安全化研究者在关于安全化理论是否和这些学者的理论相关的问题上，仍持有不同的意见。传统观点认为，华尔兹对哥本哈根学派地域安全复合体理论和主体概念方面的影响至关重要，但是对安全化理论的影响就不那么深刻了。关于这一点是很有争议的。接下来，我会引出并证明华尔兹理论中对安全化理论有重要影响的一些观点。

其次，维夫对他的另外一个身份——“后结构现实主义者”——从未做出过令人满意的解释(最起码在其出版的著作中是如此)。由于安全化研究者未对安全化理论的哲学基础进行解释，因而读者也许会好奇“后结构现实主义者”是否只是一种标签式的结合罢了。毕竟“后结构现实主义”是一个很有争议的提法，因为它将两个在认识论、本体论和方法论上立场对立的后结构主义与现实主义统一起来了。

最后，我们要讨论的问题是，维夫在安全问题研究中对国家角色的认识发生了转变。1995 年，他明确地提出了“有关国家的安全概念”[②](这个安全

① Ole Waever, “Aberystwyth, Paris, Copenhagen: New Schools in Security Theory and the Origins between Core and Periphery”, unpublished paper, presented at the International Studies Association's 45th Annual Convention in Montreal, Canada (2004), p.13.

② Ole Waever, “Securitization and Desecuritization”, in Ronnie D. Lipschutz, *On Security* (New York: Columbia University Press, 1995), p.49.

概念是指国家安全)，但在1998年，他与哥本哈根学派的其他成员共同出版了《安全：一个新的研究框架》，这本书列举了包含各种安全指涉对象的例子，其中包括个人安全在内。随着时间的推移，这个转变是否会构成其理论上的根本矛盾，或者这是否与他之前的理论相一致？

这一章将对这些不清晰的疑问进行说明。我阅读了大量维夫未发表的论文，这些论文都在国际性学术会议(如国际学术组织年会)上被宣读过。值得一提的是，这些未发表的论文与已发表的论文在观点上并不存在矛盾，使用这些未发表的论文只是为了能够更好和更全面地理解安全化理论，以及安全化理论的发展对维夫思想的影响。总之，这一章分析了关于安全化理论的四个重点：第一，分析了运用安全化理论可以做什么，不可以做什么；第二，突出了安全化理论的优势和劣势；第三，解释了安全化理论包含什么及为什么；第四，预测了安全化理论的发展趋向。

第一节　安全化理论思想的先驱者

约翰·L.奥斯汀

安全是一种言语行为，更精确地说是一种“言外行为”。当掌权者需要用他们的特殊权力来阻止某些发展时，就会以国家安全的借口提出国家安全(或政治秩序)的议题。这是一种超出日常政治范畴的特别权力，一种植根于现代国家形象的特殊权力，即把提供安全与稳定作为现代国家的首要任务。[①]

这是最早将安全作为一种言语行为的观点之一。要理解言语行为的意义，就有必要解释约翰·L.奥斯汀的相关著作，他在言语行为方面的观点是维夫思想的基础。在奥斯汀去世后出版的讲稿《如何以言行事》(1962)中，关于言语行为理论的阐述极为详细。由维特根斯坦(Wittgenstein)关于语言游戏的论述得到启发，奥斯汀认为，到他那个时期为止，哲学家一直关注于描述某一个说法是对还是错(奥斯汀将它称为记述式)，而忽略了不在对与错范围内的用来表达某种行为的说法。奥斯汀将这些称为行为式语言或

① 这一引用来自维夫的论文《稳定的意识形态》，这作为他1997年博士论文《安全的概念》的一部分出版(哥本哈根政治科学院，哥本哈根大学，1997年，第157页)。

施为性言语行为。该名称是根据动词“表现”以及名词“行为”衍生而来，这表明言语不仅是说了什么，也是一种行为的表现。[1] 换句话说，行为式语言(施为)是描述某件事情被说出来，然后被实践的这种言语行为。奥斯汀常常举结婚仪式的例子来说明言语行为。他认为新郎和新娘在法定结婚仪式上说的“我愿意”是一种言语行为，说了“我愿意”，就达成了婚姻，说这句话就是一种行动(或行动的一部分)。[2] 另一个常用的例子是打赌，一旦说出“我打赌”，打赌的这种行为就形成了。

奥斯汀将言语行为分为三种类型：言内行为、言外行为和言后行为。最基础的是言内行为，即说出的某句话有一个特定意思。比如，他跟我说“射击她”，意思是“射击”，对象是“她”。[3] 言外行为是在此之外增加了行为压力。比如，他命令(或者建议说)我射击她。[4]言后行为是指带来某种非常规影响的行为。比如，他劝说我射击她。[5]也许可以用一个简单的方式区分这三种行为，从“我们可以……”区别于言内行为的“他说……”、言外行为的“他命令说……”和言后行为的“他劝说我……”。[6] 安全化理论只运用言外行为。

前文提到行为式语言可以不分对错，它们需要在适当情况下依照适当规则实行，奥斯汀把这些称为合适条件。在话语中，会有“事情……可能会变好或变坏”的说法，虽然这一说法表达的言语行为并没有不符合事实，但是却不恰当。[7] 奥斯汀列出了言语行为的六个合适条件：第一，必须存在一个被接受的惯例程序，该程序包括说出的一定的话语[8]；第二，在一个给定的场合，特定的人和情景必须适合所诉求的特定程序的要求[9]；第三，这个程序必须能够被所有参加者正确地执行；第四，这个程序必须能够被所有参加者完全地执行[10]；第五，参与这个程序的人说出的话语必须是真诚的；第六，言语行为的施动者必须随后确实据此而行。需要注意的是，这六个合适条

① John L. Austin, *How to Do Things with Words* (New York: A Galaxy Book, Oxford University Press, 1965), pp.6 - 7.

② John L. Austin, *How to Do Things with Words* (New York: A Galaxy Book, Oxford University Press, 1965), p.5.

③④⑤ John L. Austin, *How to Do Things with Words* (New York: A Galaxy Book, Oxford University Press, 1965), p.101.

⑥ John L. Austin, *How to Do Things with Words* (New York: A Galaxy Book, Oxford University Press, 1965), p.102.

⑦⑧ John L. Austin, *How to Do Things with Words* (New York: A Galaxy Book, Oxford University Press, 1965), p.14.

⑨⑩ John L. Austin, *How to Do Things with Words* (New York: A Galaxy Book, Oxford University Press, 1965), p.15.

件并不是同等重要的，前四个条件比后两个条件更为重要。因为违反前四个条件中的任何一个都将会导致言语行为的失败。[①] 换句话说，如果没有遵守前四个条件，言语行为将是无效的。奥斯汀这样说："一个重婚者不会真的结两次婚，他只是走了两次婚姻的形式；如果我没有被授权给船命名的话，我就不会去命名一艘船；我无法为企鹅完成洗礼，因为这些生物几乎不会被这种行为所影响。"[②]

对于言语行为来说，违反第五和第六个条件，不会产生严重的后果。因为，如果不考虑言语行为过程中的虚假话语或者之后违背言语行为中的承诺，这一惯例程序还是会继续运行，并且言语行为还是有效的。因此，对于言语行为的滥用，仅仅会导致言语行为的不合适，并不会导致其无效。举个例子来说，如果一个人在缺乏深思熟虑、没有感情基础的情况下同另一个人结婚，一旦进行了婚姻宣誓，婚姻关系形成，那么他的言语行为就是不合适的，但婚姻仍然有效，婚姻只能通过法律上的离婚手续而被取消。

根据奥斯汀所提出的合适条件，维夫将安全化中言语行为的便利条件总结如下：

1. 要求言语行为内在地遵循安全语法，根据现有威胁、极限点和一个可能的出路建立其结构。

2. 施动者（也就是安全化主体）需要有一定的社会资本，这是一种权力的象征。但这种权力不必是官方权力，也不需要绝对保证言语行为能够成功。

3. 从历史上来看，与威胁相关的条件是：如果有特定的目标（这些目标通常都是人们认为有威胁性的）指向，人们就更容易将它与安全化威胁相联系，比如坦克、有敌意的言论或者水污染等。这些安全威胁本身并不是必要的安全化条件，但是它们确实构成了安全化言语行为的便利条件。[③]

---

① John L. Austin, *How to Do Things with Words* (New York: A Galaxy Book, Oxford University Press, 1965), p.16.

② John L. Austin, "Speech Acts and Convention: Performative and Constative", in Susana Nuccetelli and Gary Seay (eds.), *Philosophy of Language: The Central Topics* (Lanham MD: Rowman & Littlefield Publishers, 2008), p.330.

③ Ole Waever, "Securitisation: Taking Stock of a Research Programme in Security Studies", unpublished manuscript (2003), pp.14 – 15.

值得注意的是，奥斯汀在区分言语行为失效的合适条件（也就是条件一、二、三、四）和导致言语行为不合适的条件（也就是条件五、六）时，并没有考虑到“便利条件”这一问题。事实上，不管是“真实”条件还是“一致”条件，都没有清晰地反映出安全化理论的特点，但是在下一章的最后我会提到，其实哥本哈根学派已经含蓄地假设了这两个条件，这对于回答“为什么安全化主体要进行安全化”这一问题具有重要的影响。

雅克·德里达

法国著名思想家雅克·德里达在西方哲学的解构研究方面负有盛名，他在1982年的论文《事件说明语境》中对奥斯汀的施为性言语行为理论进行了细致分析。德里达认为，奥斯汀的施为性言语行为理论尽管具有开创性，但仍然在关键方面存在缺陷。比如，奥斯汀将语境作为一个不变量，而德里达认为，恒定语境是不可能存在的，每句话和每个语境传播的意义都是不同的，这是一个初始语境不断变化的过程。德里达用“不可化简的多义性”这个术语来描述语境。① 因此，语境不可能保持不变，而是永远处于变化中。这意味着我们无法用经验来判断言语行为的成功或失败，因为语境永远在变化，那么原有的经验就不相关了。维夫意识到了这点并得出了安全化理论中的以下观点：

> 我们要意识到，即使一种言语行为之前是被成功地运用了，并且有合适的资源和状态，但是它仍然可能失败，反之，新的主体可能会采取预想之外的言语行为（环境改变）……因此，“谁可以进行安全化”或者“这是不是一个安全化问题”等只能通过事后来判断……这些都不是简单地通过之前有限的成功标准可以判断的。②

值得注意的是，德里达的观点也符合之前提到的便利条件。举个例子来说，便利条件中的条件二明确地指出言语行为的成功不是理所当然的，同时仔

① Jacques Derrida, *Margins of Philosophy* (Chicago: University of Chicago Press, 1982), p.322.

② Ole Waever, “Security Agendas Old and New — And How to Survive Them”, unpublished paper, presented at the workshop on “The Traditional and the New Security Agenda: Inferences for the Third World”, Universidad Torcuato di Tella, Buenos Aires, 11 - 12 September 2000, p.10.

细界定了条件三中指向德里达的后结构影响，使其必须避免因果关系、本质主义和自然主义。

另外，安全化理论所认可的文本分析，以及维夫提出将安全化主体的意图进行理论化的主张是不可能的，甚至是不受欢迎的。德里达认为：

> 合理地说，阅读不会合理地超出文本原有的含义，而变成一种所指对象（一种作为抽象的现实、历史、个人经历等的存在），或者变成文本外所指可能发生或已经发生的内容，也就是说，不会超出我们在文本中所赋予这个词的含义。[①]

对此，政治思想史学家昆廷·斯金纳（Quentin Skinner）给出了一种包含分析结果的浅显易懂的解释，他说：

> 至今为止，对文本解释最有影响力的是雅克·德里达在20世纪六七十年代提出的观点。他认为，文本解释是一个错误，因为阅读者不可能完全正确地理解文本，或许只有误读才是百分之百存在的。因此，那种认为我们能够清晰、无误地理解文本意义的说法本身就是错误的。[②]

为举例说明文本解释的限制，斯金纳转述了德里达对尼采（Nietzsche）的一句话——“我忘了我的伞”——所做的分析：

> 德里达承认理解这句话本身没有难度，但这并不代表我们能够百分之百地知道尼采真正想要说什么。他仅仅是告诉谁他忘了伞？他是想警告他们，安慰他们，还是在解释、道歉，或者指责自己，或者只是哀叹记忆力的流逝？可能像德里达所说的，“对于他，我一无所知”。德里达的意思就是我们永远不会知道尼采说这句话真正的含义是什么。[③]

---

① Jacques Derrida, *Of Grammatology* (Baltimore: Johns Hopkins University Press, 1998), p.158.

② Quentin Skinner, *Visions of Politics I. Regarding Method* (Cambridge University Press, 2002), p.91.

③ Quentin Skinner, *Visions of Politics I. Regarding Method* (Cambridge University Press, 2002), p.121 (emphasis added).

这一点在安全化理论中很重要，因为“它指出了文本的重要性，那就是文本如何产生自身的意义”[①]。维夫遵循了德里达的话语分析方法，后者的观点只表现在公开的文本中，转而限制了安全化理论研究者可以提出和解答问题的行为。因为德里达不考虑去揭示安全化主体的想法，所以“安全化主体为什么要对某个问题进行安全化”这个问题就被忽略了，研究安全化的学者也只是去关注谁进行了安全化，什么问题被安全化了，在何种情况下被安全化的以及会带来什么样的后果等。用维夫自己的话说就是：

> 安全的考虑不等于安全化主体的考虑，这一点很难被揭示，并且也很无趣。这里讨论的是他们如何思考、思考什么，也就是他们构建公开讨论/政治过程的思想，即公共逻辑。我们研究的是政治过程，而不是那些后来被付诸政治实践中的孤立的个体思想。[②]

这里需要提到一点，尽管德里达的思想被视为影响这些理论的主要来源，但维夫对试图把意图进行理论化的行为的敌视，在很大程度上也受到他的导师奥利·卡鲁普·佩德森(Ole Karup Pedersen)的影响。卡鲁普·佩德森在1970年出版的《外交部部长P.蒙克对丹麦在国际政治中地位的构想》一书中，通过否认“了解政治家到底在想什么的可能性”来强调这一逻辑。[③] 维夫将卡鲁普·佩德森的这本书列为影响自己成为理论家的十本书之一，这对他建立自己的理论起着重要的作用，后来又将卡鲁普·佩德森的这一论述纳入自己的理论之中。

> 卡鲁普·佩德森对个体心理有着特别清醒的认识。他甚至没有探究P.蒙克内心深处的真实想法，而是文责自负地发表了P.蒙克的观点……把文本作为P.蒙克的个人观点的资料，需要一个还不存在的心理学理论，根据现有资料无法有效研究个人精神。因此，卡鲁普·佩德森详细阐述了一整套纯理论结构框架，这一理论框架围绕理解现有的概念而展开，这些概念本身就是很重要的。[④]

---

① Ole Waever, “The Ten Works”, *Tidsskriftet Politik* 7 (2004).

② Waever, *Concepts of Security*, pp.116－117 (emphases in the original).

③ Ole Waever, “Beyond the ‘Beyond’ of Critical International Theory”, unpublished paper, presented at the Joint Annual Convention of the British International Studies Association and the International Studies Association, London (1989), p.73.

④ Waever, “The Ten Works”.

虽然如此，但当和德里达的观点联系起来的时候，这套理论或哲学研究就很难进行下去。之后我还会提到德里达及其把意图进行理论化的可能性，接下来，我将介绍20世纪法学理论家卡尔·施密特的观点。

卡尔·施密特

在2003年发表的《文字、图像、敌人：安全化和国际政治》一文中，迈克尔·C.威廉姆斯(Michael C. Williams)界定了施密特思想对安全化理论具有重要意义的几个元素。这篇论文第一次提到安全化理论与施密特观点之间的关系，这一关系后来引起诸多争论。虽然说维夫是由于受其他学者影响才逐渐接受了这一观点，但是从他的自传中我们可以清楚地看到他也确实接受了这一点：

> 有些人可能期待在我的名单上看到卡尔·施密特的名字……可能很多人对我是否受施密特的影响而界定了安全化这一概念很感兴趣。可惜事实并非如此。我对施密特的基本观点稍微有些了解，但据我回忆，当施密特于1988年提出言语行为理论时，我并没有直接从中得到启发。后来我才仔细阅读了施密特的论文，发现他的观点很有说服力，并与我的观点有很多相似之处，当然也有完全不同的地方。[1]

在深入了解这些相似之处之前，我们有必要先简略地阐述一下施密特政治理论的实质和背景。

在研究魏玛共和国的过程中，法学理论家卡尔·施密特的观点与那时正统法律实证主义者的观点不同，他认为，国家统治不能只靠法律，还要靠政治，政治是通过权力和决策的形式而呈现出来的。每一种对立都会变成一种政治问题，政治性质越明显，问题就越极端，甚至会变成敌与友的阵营。[2] 只有在魏玛共和国的背景下，我们才能完全理解为什么要从敌与友的视角去研究政治问题。那时，政府是由许多政治党派所组成的。由于政府中存在极端主义党派的代表，因而施密特认为议会民主制的稳定性处于危险之中，如果在一个只是由法律统治的系统中，不存在他所提出的政治概念，那么极端主义者就可能会使政府无法正常运作，或者情况会变得更糟

① Waever, “The Ten Works”.

② Carl Schmitt, *The Concept of the Political* (Chicago: University of Chicago Press, 1996), p.29.

糕。比如，如果“错误的”政府执政了，那么其一票就可以否决宪法法案。为了避免出现这一状况，施密特建议总统保罗·冯·兴登堡必须处于一个强有力的地位。施密特的政治概念在这里得以发挥作用，他希望保罗·冯·兴登堡将极端分子视作国家的敌人。在施密特看来，冯·兴登堡所处的位置正适合去做这件事，因为他认为只有主权才能保证整个工作正常运行。他相信将极端主义者视作国家的敌人，能确保总理长时间处于一个强有力的地位，伴随着政治化过程的增强，这将为议会民主制的延续打下一个强有力的基础。

威廉姆斯发现了安全化理论与施密特思想的两个重要联系。第一个重要联系产生于安全化理论中内在的现存威胁需求。需求的意义在于安全化不是任何形式的言语行为、社会结构或技能，而是一种特别的行为，这种行为需要超越日常政治行为规范的特殊措施才能得以实施。[①] 因此，安全化反映了政治化的原本状态被分裂成友谊和敌对之间的紧张状态，这些构成了施密特的政治概念。[②] 换句话说，正如政治的本质是由敌与友的分化决定的，安全化的本质则是由符合民主规则的普通政治和超出常规规章制度的特殊政治决定的。

第二个重要联系，威廉姆斯将其称为“施密特的主权决定主义理论”[③]。对施密特来说，当掌权者将主权置于法律规则之上时，政治（比如说敌与友的区分）在紧急状况下是最突出的。主权的本质是决定权，这在紧急状况下才能得到最清晰的体现。[④] 威廉姆斯认为，这个思想在安全化过程中能够被清晰地展现出来，在安全化过程中，安全化主体的运行是最有效的，因为这时他们可以超越法律法规的限制而“合法地”运作。

肯尼思·华尔兹

最后一位为安全化理论的形成注入灵感的是国际关系学者肯尼思·华尔兹。华尔兹之所以对安全化理论至关重要，其中一个原因有关于元理论的本质，这并不是华尔兹对国际政治所做的论述，重要的是，他提出了理论的限度。[⑤] 华尔兹说：

---

① Michael C. Williams, “Words, Images, Enemies: Securitization and International Politics”, *International Studies Quarterly* 47 (2003), p.514.

②③ Michael C. Williams, “Words, Images, Enemies: Securitization and International Politics”, *International Studies Quarterly* 47 (2003), p.516.

④ Michael C. Williams, “Words, Images, Enemies: Securitization and International Politics”, *International Studies Quarterly* 47 (2003), p.517.

⑤ 值得注意的是，这并不等于说维夫和华尔兹对构成国际关系的理论有相同的想法，只是两人都认为理论需要有界限才能有实用性。

构建理论是首要任务。为了有机会对社会上一些关乎我们利益的事情做出合理的解释，我们必须决定集中精力去做某件事情。要相信我们是可以采取其他方式的，否则将得出“一切变化都是变量”这个完全不科学的观点。①

因此，在华尔兹看来，我们可以超出任何特定的理论来对某些东西进行定义，否则这个定义就太脆弱而没有任何解释能力了。华尔兹关于理论之外的现实主义的关注点是，社会与家庭组成的单元以及两者之间是如何相互作用的。维夫认为，由于他本身为理论探讨设定了标准，所以只能说华尔兹从根本上改变了国际关系理论的面貌，而不是国际关系实践的面貌。维夫写道：

通过强调社会科学特别是理论的需求，并采用系统的结构方法，现实主义被一种系统的以及简约主义的方式重新表述；以前宽泛的理论推测被精确的论点所代替，由此得到的理论会使国际关系理论上升到过去未知的程度。②

华尔兹对理论的内涵以及那些特定理论之外的定义的解释，对于安全化理论来说是十分重要的。维夫也赞同“某个特定理论是不能包罗万象的，理论都是有限度的”这一观点。华尔兹的理论限度论在以下论据中得到体现：

有些安全分析功能如同一张复杂的地图，对其加入更多的内容是为了说明单从军方的视角来看安全问题太简单、太有限。更多的安全化主体有利于证明国家的基本利益所在……这变成了一种清单、一个矩阵，人们可以把一部分放在矩阵的一边而把其他部分放在矩阵的另一边，然后说，“这些都是矩阵，但是当权者怎么可以只看到某个角落里的一小部分(最多 4 个盒子)呢，而其实那里有 25 个(盒子)”。相对来说，关注一系列事物及其动态是为了更具有针对性，从而找到可以决定未来发展的转折点，这些可以被当作一种政治分析，也可能会对政治选

① Kenneth Waltz, *Theory of International Politics* (New York: Random House, 1979), p.16.
② Waever, “The Ten Works” (emphases in the original).

> 择有所帮助。主要的不同点在于人们感兴趣的是哪种分析，是复杂化还是简约化。我是自由主义者，所以我往往对专注于复杂化有所怀疑，国际关系理论学者试图做到如绘制“1：1的世界地图”那样把问题复杂化，而不尝试像现实主义者那样把问题简约化。[①]

对于维夫来说，语境是安全化理论之外的一个例子。这里所说的语境不仅和德里达在安全化理论中的观点不相符（德里达认为一成不变的语境是不存在的），而且据维夫所说，将语境（尽管比起当前的安全化理论，语境能更清晰地展现世界）纳入安全化理论，不仅会使这一理论变得面目全非，还会将焦点从安全化行为转向安全化的因果理论。[②]

为了将理论从原来的水平提升到华尔兹关于为什么和如何影响安全化理论的水平上，我们首先需要展现华尔兹现实主义的基本框架。不同于传统现实主义者的是，华尔兹在1979年出版的代表作《国际政治理论》中，对强权政治做出了一个结构性的解释，他认为一个国家的特性并不重要，因为是系统结构约束了国家，而不是国家约束着系统结构。

> 不能从国家内部的组成来推断国际政治情况，同时也不能通过综合外交政治和国家外在表现来理解国际政治。系统结构有着约束和处理的能力，因此系统理论可以解释和预测系统的连贯性。[③]

华尔兹将国际系统结构定义为三个层次：无秩序、个体能力和系统能力（对立、极性）。只要是由最强的单元（最有能力的个体）决定系统是单极的、两极的还是多极的，那么系统能力与个体能力就是紧密相关的。根据华尔兹的观点，国家自然会努力去平衡每个个体能力并使自己的不安全性最小化，他认为安全等同于生存。华尔兹的研究对安全化理论有两个直接影响。第一，哥本哈根学派同样认为，安全与生存是一致的。[④] 第二，维夫和哥本哈根学派在谁能够进行安全化（安全化主体的权力地位的社会条件）这个

---

① Waever, *Concepts of Security*, pp.366 - 367.

② Personal notes taken at Ole Waever's presentation at the panel "Critical Security Studies: Copenhagen and Beyond", International Studies Association 48th Annual Convention, Chicago, 2007.

③ Waltz, *Theory of International Politics*, pp.64, 69.

④ Barry Buzan, Ole Waever and Jaap de Wilde, *Security: A New Framework for Analysis* (Boulder: Lynne Rienner, 1998), p.27.

问题上的限度是以华尔兹主义为模型的[1]，更通俗地说是以现实主义系统能力分配的概念为模型的。安全化主体能力越强，这个主体就越可能成功地进行安全化。换句话说，能否进行安全化是由主体（这里的主体指的是政府）在系统的社会等级地位所决定的。皮埃尔·布尔迪厄（Pierre Bourdieu）注意到了这种相互作用，他批判语言学家们（包括奥斯汀）没有注意到言语行为的成功是和施动者的社会地位紧密相关的。布尔迪厄认为，"文字的权力和超出文字的权力往往是以另外几种形式的权力为条件的"[2]。不是每个人都能够成功地执行言语行为，这需要有能力让别人倾听你的意见并相信你、顺从你等。根据布尔迪厄的观点，言语行为的功效和规定条件（地点、时间、代理人）的机构是不可分的，要符合所有条件才能让言语行为有效。[3] 迈克尔·C.威廉姆斯强调了布尔迪厄提出的"机构"概念对于安全化理论的重要性。他说：

> 权力……不仅能在话语的能力中显现出来，也会在权力机构授权的语境中显现出来。因此，信任与权威主要不是属于个体（最起码不是马上或者本质上），而更多的是属于已被所在机构认可的个体。[4]

换句话说，不同个体接受不同等级的政府影响，而影响的等级对成功进行安全化非常重要。因此，所有主体参与者都能成为安全化主体，但安全化的成功和参与者的能力密切相关。简单来说，副总统比一个中等阶层员工更容易成为一个安全化主体。

威廉姆斯认为，不应该以唯物主义的观点来理解权力，而应该将权力理解为一种象征性的力量：运用由代表制结构形成的象征性能力，占据着能够决定结果的社会地位，以此来调动社会力量和物质力量。[5] 鉴于此，接下

---

① Barry Buzan, Ole Waever and Jaap de Wilde, *Security: A New Framework for Analysis* (Boulder: Lynne Rienner, 1998), p.33.

② Bourdieu cited in Philippe Fritsch, "Einführung", in Franz Schultheiss and Luis Pinto (eds.), *Pierre Bourdieu: Das Politische Feld: Zur Kritik der politischen Vernunft* (Konstanz: UVK Verlagsgesellschaft, 2001), p.10 (my translation).

③ John B. Thompson, *Editor's Introduction*, in Pierre Bourdieu, *Language and Symbolic Power* (Cambridge: Polity Press, 1992), p.8.

④ Michael C. Williams, *Culture and Security: Symbolic Power and the Politics of International Security* (Abingdon: Routledge, 2007), p.66.

⑤ Michael C. Williams, *Culture and Security: Symbolic Power and the Politics of International Security* (Abingdon: Routledge, 2007), p.65.

来提到的这一点将是有益的。显然受到华尔兹的影响，学者们在安全化理论的能力这一论述中并没有专门提到重要的能力，如天赋资源、经济和军事能力；能力在与布尔迪厄的资本概念的比较中显得更有用，资本概念包括经济资本（基本上就是物质）、文化资本（知识、技术）和象征性资本（权威）。布尔迪厄的资本概念在不同的领域（政治、文化、文学等）内是不同的，对不同的主体来说能力也是不同的。例如，有效的绿色凭证是环境安全方面的一种象征性权力，而它在社会安全方面并没有什么作用。

第二节　后结构现实主义的含义

后结构现实主义Ⅰ

由于安全化理论有着多种多样的哲学基础，维夫将自己称为"后结构现实主义者"也就不足为奇了。这个标签不仅是安全化理论哲学基础的混合，实际上也表明，他试图为国际关系理论提供一种不同的解读方式。

> 后结构现实主义的目的是发展一个政治理论，不是要超越现实主义，而是想建立在传统的边界上……采取的方法就是运用现实主义概念。因此，这些概念将不会只在自信的现实主义的标准语境下起作用。①

维夫认为，这个目的是由后结构现实主义的两种含义组成的：一种是现实主义中的后结构主义，另一种是在华尔兹之后的结构现实主义。第一种含义与现代后结构主义安全化理论的研究是相容的，它将结构现实主义的解构作为重点，提出了德里达的研究对于安全化理论影响的另一种理解。解构是由德里达提出的，指一个事件出现在一个给定的文本中，其目的是展示：

> 建立在相互排斥关系上的文本是如何违反排斥原则和优先原则的。因此，对文本的解构性阅读揭示了一些要点，在这些要点中，文本

① Ole Waever, "Security, the Speech Act: Analysing the Politics of a Word", unpublished paper, presented at the Research Training Seminar, Sostrup Manor, 1989, revised, Jerusalem/Tel Aviv, 25 - 26 June 1989, p.38.

> 将一个相反的术语引入另一个术语的定义中去，或者是调换了两个术语的优先顺序。[1]

结构主义、新现实主义和华尔兹现实主义是后结构主义理论家的特殊研究目标，他们认为现实主义（或许是所有主流方式中最有创造力的）构成了对政治思想史的一种解读，在他们看来，世界政治只有一个意义，即与权力政治相结合。[2] 例如，现实主义伟大的思想家们——修昔底德（Thucydides）、马基雅维利（Machiavelli）和现实主义的代表摩根索（Morgenthau）都曾想将权力政治合法化，尽管这有些违背他们自己的概念内涵。这是后结构国际关系理论的目的，即打破这种循环的持续存在，并对传统国际关系理论中的基础元素——无序、主权和国家——提出疑问。利用德里达解构理论研究方法，后结构主义尝试冲淡理论的分界线并给"其他内容"留出空间。维夫对主流国际关系的后结构主义论著特别是理查德·阿什利（Richard Ashley）的论著很感兴趣并深受其影响。[3] 但仔细阅读维夫的论著后我们会发现，这种影响只体现在总体上辩证思考复杂国际关系的可能性中，维夫并不完全赞同后结构主义的看法。因此，和其他后结构主义者不同，维夫认为后结构主义研究课题的结果最终是令人不满意的。[4] 这里有两个原因，第一，他批判了后结构主义者通过"见解不同"来理解国际关系。他认为，后结构主义者越来越倾向于忽视概念的传统含义，这导致许多新概念得不到明确的解释，因为新概念的出现正是源于和旧概念不同的含义。真正批判性分析的内在逻辑是与传统文本相一致的，并且会强化这一内在逻辑。由于这一在"尊重"传统基础上的处理方式，因而传统的概念会被新的概念所取代，使我们得以用一种新的定义来处理传统的核心问题。[5]

第二，后结构主义的分析是以道德目标的主要主张即"开放、创造可能

---

① Gary Gutting, *French Philosophy in the Twentieth Century* (Cambridge University Press, 2001), p.294.

② 参阅 Jim George, *Discourses of Global Politics: A Critical (Re) introduction to International Relations* (Boulder: Lynne Rienner, 1994); R. B. J. Walker, *Inside/Outside: International Relations as Political Theory* (Cambridge University Press, 1993).

③ 参阅 Ole Waever, "Tradition and Transgression in International Relations as post-Ashleyan Position", unpublished paper, presented at the British International Studies Association 15th Annual Conference at the University of Kent, 1989.

④ Waever, "Tradition and Transgression", p.37; Waever, "Securitization and Desecuritization", p.86.

⑤ Waever, "Security, the Speech Act", p.37.

和自由”为依据的[①]，但没有任何人负责“我们应该对什么开放”[②]，维夫认为，后结构主义思想有一个很幼稚的观点，即新的东西都是好的。但是，如果我们“开放”后所面对的东西比现有的更糟，那该怎么办呢？如果我们都不知道这个“开放”会让我们更好，那我们怎么可以将它作为我们的首要目标呢？因为我们不能确定好与坏，并且维夫也同意汉娜·阿伦特（Hannah Arendt）的观点，即人类不可避免地作为政治的一部分，所以我们要运用尼采哲学的“权力意志”（维夫理解为创造价值[③]），负责任地行事，并通过学习过去去探索可能的将来[④]。他还同意阿伦特的这一观点，即任何观点都要通过和其他观点相互作用而产生的影响来判断好坏，因此不能单独地从其本身来判断是好还是坏。阿伦特强调，我们无法保证我们的行为（或建议）都是正确的或如我们所希望的那样被理解。[⑤] 维夫解释道：

> 在政治中，我们所选择的方向并不会有路标给我们指示什么是“批判的”或“进步的”，我们要付诸实践而不能只是“反对”。批判实践作为一种理论走向了政治领域，由于人们不能确定自己的后代是否会认可他们或超越他们，即把他们当作权力政治或权力批判，因而这就将其所能获得的尊重置于不确定中了。在传记中叙述时，其意义将会呈现出来（阿伦特，1958）。[⑥]

若干年后，“从结果上来说，政治行为不可能是没有风险的，政治化和哲学态度也无法保证其先进性。理论实践和政治化实践都是有风险的，并会留有痕迹，让后代去评判这一行为的意义”[⑦]。这里主要叙述有关社会安全的概念：

> 每当提出一个概念时，你需要准备对这一概念的所有含义做出解

---

① Waever, “Securitization and Desecuritization”, p.86.

② Waever, “The Ten Works”; see also Waever, “Tradition and Transgression”, pp.35ff.

③ 对维夫来说，权力意志“不仅是作为保护者，而且是愿意作为创造者去承担规划的责任”。Waever, *Concepts of Security*, p.176 (emphases in the original); see also Waever, “Tradition and Transgression”, p.40, and Waever, “Beyond the ‘Beyond’”, p.46.

④ Waever, “Tradition and Transgression”, p.40.

⑤ Hannah Arendt, *The Human Condition*, second edition (Chicago: University of Chicago Press, 1998), p.192.

⑥ Waever, “Tradition and Transgression”, p.38 (emphases in the original).

⑦ Waever, “Securitization and Desecuritization”, p.76 (emphasis in the original).

释。社会安全(如身份安全)的概念可以轻易地与反移民、反欧盟和类似剥削的概念联系起来。我们可以反驳说,这是对概念的误解,但从某种程度上来说,这是忽略了对其要点的理解。我们要意识到文字的力量,包括它可能会超出原作者的本意的力量。因此,建立一个理论就像任何其他政治实践一样危险——你永远不知道最后它会给你带来什么危害。[①]

阿伦特式的逻辑——语言的无意识性,文字独立于逻辑结构之外,加之维夫关于后结构主义局限的观点,这些都对维夫自身的研究产生了巨大的派生影响。因此,在这里出现了这样一种观点,即研究者必须对自己所说的话和所写的文字负责。维夫通过赞同非安全化来回应这一观点。维夫将非安全化看作一个具有积极价值的概念,提出我们应该根据经验来解决"我们应该进行什么"这一问题,目的是借助正在发展的安全化理论来简化他所进行的研究工作流程。[②]

总而言之,只有当解构事件具有可能性,使得维夫能够超越主流国际关系理论视野来思考的时候,我们才能说维夫受到了解构可能性特别是现实主义观点的影响。但在安全化理论中,他并未详细论述该怎么做到这些,或者如何去发现解构主义事件。[③] 安全化理论的创造者只同意后结构主义者研究的部分主题,因而安全化理论只是后结构主义的一部分。

后结构现实主义Ⅱ

后结构现实主义的第二种定义叫作华尔兹之后的结构现实主义,这里对"之后"的定义显得尤为重要。接下来,我们将讨论建立在华尔兹最初理论框架基础上的结构现实主义,维夫对华尔兹的理论框架评价很高,但是结

---

① Waever, "Securitisation: Taking Stock", p.29 (emphasis added).

② 在维夫所举的例子中,其经验在许多方面涉及"缓和"在冷战结束中所起的作用,他的研究兴趣是安全化理论和后结构现实主义。他将"缓和"定义为协商的非安全化,以及协商对安全言语行为使用的限度(Waever, *Concepts of Security*, p.227)。

③ 维夫用过解构方法,比如在稳定的意识形态中解读德国社会民主党人(article 5 in his 1997 PhD thesis *Concepts of Security*),并尝试解构1988年以前德国社会民主党的安全文献。他在论文中所论述的解构不是为了给德国社会民主党安全政策创造一个解释性的预测模型,而是为了研究安全、政策和语言的关系(p.9)。维夫在论文结尾处提出:从解构中我们能学到什么?围绕一个具体的安全领域,并在这个基础上提出非正式的论据是不可能的,安全永远会被政治淹没(p.175)。他认为,安全永远是一个政治选择。

构现实主义在很多重要的方面都超越了之前的框架。正如我们先前看到的那样，维夫不仅受到华尔兹观点的影响，同时也受到华尔兹批判者观点的影响，尤其是后结构主义国际关系理论家，他们展示出一种辩证思考国际关系理论的方法。① 事实上，维夫认为研究者应该将传统思想与现实紧密结合起来，因为理论研究致力于发展新的理论。② 这表明在后结构现实主义的第二种含义中，“之后”这一时间概念指的正是这一过程，在这一过程中，正是另一种理论的批判性参与才使新的理论得以产生。换句话说，维夫不仅认识到后结构主义是从对现实主义的批判性参与中产生的，而且他用于研究国际关系理论的方法也源于对后结构现实主义和现实主义这两个传统理论的批判。我们需要思考以下问题来理解得出这个结论的原因：能够或不能够对安全化理论做什么？安全化理论的目的是什么？安全化研究的方法是什么？

先从第二个问题说起，安全化理论的目的是为研究者提供一个理论化分析工具，以此来追踪安全化和非安全化在实践中的发生概率。据此，我们很容易得出第一个问题的答案，安全化理论研究者不应该专注于什么是安全化，而应该专注于安全化做了什么，安全化做了什么相当于安全化的意义。同样，即使安全化理论研究者不同意关于突发事件的分析，他们也不能直接反对该突发事件属于安全化或非安全化的观点。什么是安全化或非安全化，是由安全化主体来判断，而并非由安全化研究者来判断。为了理解主体和研究者之间的复杂关系，参阅以下所引哥本哈根学派的话是很有必要的。

> 对什么可以构成一个安全问题有话语权的是政治主体，而不是研究者，但当这些行为成为安全化问题的时候，研究者就能对其进行解读并对政治主体的行为进行分类。之后，研究者可以判断主体的行为对调整和解决安全问题是否有效(例如，先由社会主体和公民判断一个安全化问题，之后再衡量其程度)。最后，要评定一个安全化情况的重要

---

① 为了充分理解华尔兹及其批评者对维夫的影响，我们需要了解维夫列出的对其理论影响最深的十本书之一——罗伯特·O.基欧汉(Robert O. Keohane)主编的《新现实主义和批判》(纽约：哥伦比亚大学出版社，1986 年)。这本书提出：对肯尼思·华尔兹来说，清单上所列的条目是一个误导，并且在很多方面都是不公平的。当然，他的《国际政治理论》(1979)应该在清单上，其中包含他对批评者的重要回应。这本书包含了 20 世纪 80 年代中期有关国家关系理论辩论的重要文章。这一系列丛书不仅通过文本本身传达了华尔兹文章的重要性，而且通过文本所产生的反响证明了它的重要性(Waever, “The Ten Works”)。

② 参阅 Waever, “Beyond the ‘Beyond’”, p.7.

> 性，需要研究者研究该情况对于其他个体的影响。政治主体实施控制的至关重要的一步是，在安全模式下实行政治性措施。①

研究者通过学习安全化进程中推论的形成来分析安全化问题，“学习安全化就是学习语言和政治组合”②。其实，学习安全化问题的方法来源于安全是一个言语行为这个本质，这表明研究过程不用进行民意调查，以了解人们认为安全意味着什么，而是研究现实的语言实践，去观察是什么控制了这一语言环境。③ 正因如此，我们认为，安全化理论的第一次出现与后结构主义研究课题相关。当我们回想起安全化理论被看作不变的且现实主义把安全等同于生存④，以及我们在说明哥本哈根学派中的“惰性的建构主义”时，这一印象就改变了。惰性的建构主义认为，社会实体是固定的，并且是相对稳定和持续的⑤，这一观点能够使哥本哈根学派提出一种处理方法，即把国家或个体看作一个客观实体来研究，与此同时也能够使建构主义沿着他们自己的研究方向走下去⑥。安全化理论正是为了打破“安全”的传统意义而在本质上研究这些实体，它指出安全不是指代任何本身之外的东西，而是一种完全的自我指向性实践。⑦ 严格来说，这是从内部检验传统国际关系理论以及安全研究的一种能力，目的是将后结构现实主义的第一种含义与第二种含义分离。因此，尽管研究者在后结构现实主义第一种含义中就需要去打破稳定性，但真正的现状仍然令人不满意(绝大部分)，因为如果与传统意义没有交集，那么打破稳定性则是不可能的，“安全”的新定义注定只是反映传统的一面镜子而已。⑧ 这就是说，提出如上所述的安全定义的安全倡导者，忽视了这些新的安全定义可能会给安全化理论带来不良的后果，如安全困境、安全矛盾等，因为安全就其本质来说就是一个“负面”的问题。⑨ 维夫

---

① Buzan et al., *Security*, pp.33 - 34.
② Buzan et al., *Security*, p.25.
③ Waever, “Securitisation: Taking Stock”, p.9.
④ 这里需要注意的是，安全的含义是“在面临的威胁中生存”(Buzan et al., *Security*, p.27)。哥本哈根学派不仅接受了威胁的本质因组成的部分不同而有差异，而且也接受了“安全议题的形成来自安全化行为，安全化理论是关于安全的建构主义，最终是一种特定的社会实践形式”(Buzan et al., *Security*, p.204)(emphasis added)。
⑤ Buzan et al., *Security*, p.205.
⑥ Barry Buzan and Ole Waever, “Slippery? Contradictory? Sociologically Untenable? The Copenhagen School Replies”, *Review of International Studies* 23 (1997), p.243.
⑦⑧ Waever, “Security, the Speech Act”, p.37.
⑨ Waever, “Security, the Speech Act”, p.36.

认为，不安全是有威胁并且没有保护的状况，安全是有威胁但有保护的状况。[1] 简单来说，安全和不安全是与威胁的防御状况相联系，增强安全不一定意味着减少不安全。

进一步来说，哥本哈根学派认为一个事件只有被提及或者被当作一个安全化问题时，它才会变成安全事件。他们否认安全威胁的客观存在。"事情存在"，但没有被附上任何标签，主体应该是以安全化方式，还是以"普通方式"处理某件事，这是一种政治选择。[2] 这意味着他们相信那些提出安全化以及其他定义的学者并没有指出任何真正的安全威胁，相反，他们以成功程度的不同来确定是否把相关问题提升为安全化问题。维夫认识到，没有客观性安全威胁的存在，并且也清楚安全化会有负面结果。哥本哈根学派认为，脱离威胁防御关系的唯一途径是达到一个"无安全"的状态。"无安全"的定义是一种没有非安全化或从未被安全化的情况。它不能简单地以这些术语来定义，这不是一个有关安全或者不安全的问题，也不是对现有威胁的一种感知。[3] 作为一种政治化策略，它有以下形式：

> 我们并不想创造一个只能说明每件事情有着如何不同反应的安全化理论。为改善安全状况而进行变换并不是一种最合理的策略。在很多案例中，研究者可以通过了解个体间的行为模式来获取更多的帮助，从而避免事态升级，使恶性循环转换为可管理的安全复合体，并最终转向安全性共同体。[4]

第三节　分析的优势和规范的弱点

安全是一种自我指向性实践，毫无疑问这是哥本哈根学派最重要的观点。当同一个概念可能会有完全不同甚至相反含义的时候，这一观点使得哥本哈根学派的安全化研究者比其他学派的安全化研究者能更好地说明安全概念的辩证本质。环境安全在克林顿政府中有很多不同的甚至更多的含义，因而通过安全化理论可以便利地对安全问题进行解释。这个观点可以

---

① Waever, "Securitisation: Taking Stock", p.13 (emphasis in the original).
② Waever, "Securitisation: Taking Stock", p.20.
③ Waever, "Securitisation: Taking Stock", p.13.
④ Buzan et al., *Security*, pp.205 - 206.

说是把哥本哈根学派所有的成果融合在一起的黏合剂。哥本哈根学派的主要成员——巴里·布赞,强调了在安全研究的分支学科中安全含义的本质是有争议性的[①],同时,区域安全复合体和安全部门是安全化成为可能的讨论场所,通过它们,安全化的复杂动态过程能够回归有序。以上是正面的观点,反过来说,哥本哈根学派之前的安全观点导致他们忽略了蒂里·巴尔扎克(Thierry Balzacq)所说的“外部无理性的威胁”。用巴尔扎克的话来说,这种威胁有以下表现:

> 它不需要借助语言这一媒介来成就自己——危害人类的生命。在哥本哈根学派体系中,文字游戏之外没有安全问题的存在。因此,安全问题是怎样的,完全取决于我们如何用语言来描述它,但并非总是如此。语言不能构建现实,最多会形成我们对某件事情的看法。而且,一个问题的本质是由我们如何描述它来决定的,这种观点本身在理论上也是不可行的。例如,我怎么去描述台风并不能改变其实质。这个结果证明安全问题是发展本身的特性,需要我们有更深层次的理解。简而言之,威胁并不只是针对公共机构的,事实上,即使不考虑语言的应用情况,有些威胁也可以破坏整个政治共同体。[②]

虽然我并不是要提出一个“蛮横”的威胁理论,但是我们应该承认,即使语言没有发挥作用,一些事情仍然具有威胁性。例如,在内维尔·张伯伦担任首相期间,希特勒统治下的纳粹德国对欧洲邻国来说是一个实实在在的威胁,尽管张伯伦并没有认识到这一点。巴尔扎克对威胁的区分在这里十分引人关注,因为这对非安全化政治战略的可行性有负面影响。因此,面对暴力威胁,安全化可能是一个比其他非安全化更可行的政治战略,安全化的特殊动员能力可以比政治化更快、更有效地解决问题。但是,我并不认为识别和针对暴力威胁本身就构成了道德正确的安全化,相反,安全化是否道德正确,取决于它所带来的结果,更具体来说,取决于安全化是否让人类变得更好。

最后,如果本书的观点是正确的,那么非安全化的政治战略就是一个或

---

① Barry Buzan, *People, States and Fear: National Security Problem in International Relations* (London: Harvester Wheatsheaf, 1983) and Barry Buzan, *People, States and Fear: An Agenda for International Security Studies in the Post-Cold War Era*, second edition (London: Harvester Wheatsheaf, 1991).

② Thierry Balzacq, “The Three Faces of Securitization: Political Agency, Audience and Context”, *European Journal of International Relations* 11 (2005), p.181 (third emphasis added).

然性的问题。既然不能保证非安全化等于政治化，自然也不能保证非安全化是道德允许的选择。换句话说，道德错误的非安全化的潜在存在告诉我们，仅仅考虑非安全化的重要性而忽略分析者的良好意图，并不一定是一种负责任的态度。我认为，如果安全化研究者努力去区分道德错误或道德正确的安全化与非安全化问题，然后向潜在的安全化主体展示如何去进行或不进行安全化，那么可以说，这些学者是非常负责任的了，这也正是本书的目的。

第四节 演变过程——从国家中心化分析到国家垄断领域

接下来要讨论的问题是，安全化理论在其短暂的发展历史中是否有连贯性？这一理论的生命力如何？20 世纪 80 年代末，当安全化理论第一次出现时，在安全化研究中，国家普遍被视为一个不变的要素。因为安全化理论的目的是为研究者在实践中遇到安全化和非安全化突发事件时提供一个研究工具，安全化理论无可例外地也顺着这个趋势发展。1989 年，维夫写道："基本上可以说，安全和主权的概念相关。对于构建现代国家，正如霍布斯强调的，第一个任务是安全秩序——国家和平、政治秩序稳定。"[①]在同一篇文章中，维夫强调了安全化研究中的国家中心化的观点，并辩证地批评了巴里·布赞于 1983 年出版的著作《人民、国家与恐惧：国际关系中的国家安全问题》中的观点，该书旨在对国家安全问题进行全面分析，同时介绍国际层面安全问题的观点，并对个体层面安全问题的观点进行评析。维夫发现了这两个观点存在的问题。他认为，这两个层面都不能提供安全，因为能否保障安全化取决于主体的能力，而这种能力是这两个层面都不具备的，而且这两个层面都不适合成为安全化中的指涉对象。个体安全化在国际关系理论中是不存在的，同时确定一个国际安全的指涉对象也是不可能的，因为不同国家的不同目标之间不存在调和性。安全的含义本质上是国家安全，并和特定的相连问题（政治秩序稳定）有关。[②]

1990 年，《欧洲安全秩序重塑：后冷战时代状态》出版了，这是第一本由维夫和布赞合作出版的著作。1993 年，他们又出版了第二本合著《认同、移

---

① Waever, "Security , the Speech Act", p.4 (emphasis in the original).

② Waever, "Security , the Speech Act", pp.35 - 36.

民和欧洲新安全议程》。尽管这两本著作在本质上都没有给安全化理论增加新的内容,但是事实证明,第二本著作对安全化理论领域的发展很重要,因为正是这本著作发展了布赞的社会安全的概念,使迄今为止安全化理论中坚固的国家中心论第一次受到了削弱。因此,1993 年出版的这本著作试图寻求一个理论工具,以此分析冷战后的欧洲安全格局的变化。这本著作提出了四个方面的变化,四个方面的变化构成了一种新型的不安全,这不是一种由国家内部矛盾引起的不安全,而是由欧洲不同社会之间不同的需求和利益导致的。四个方面的变化如下:

> (1) 苏联的政治停滞和经济破产;(2) 西欧一体化的复兴,最初根据 1992 年的口号,之后在《马斯特里赫特条约》下出现了更多的问题;(3) 对多元化和市场是现代社会成功的重要组成部分的广泛认可;(4) 民族主义和仇外心理的出现或复兴。[①]

因此,我们需要一个分析这些新型的社会不安全的工具。关键是对布赞"社会安全"概念的再塑,使得这一概念不再只是关注使国家的政治稳定陷入危险的社会威胁[②],但这涉及某个特定团体保护国家认同的能力[③]。

尽管看起来很简单,但当哥本哈根学派想要确定哪个团体有保护自身认同需要的能力时,情况就变得很复杂。此外,谁依据什么来提供社会安全?这需要社会实体有办法进行安全化以防御外部威胁。对哥本哈根学派来说,在现实感知的基础上可以进行安全化的社会实体就是国家,或者退一步说也可以是宗教运动。认同的等级取决于发起人对社会团体和社会性团体的严格区分。社会团体都是有效的认同,如环境、性别或者意识形态变动等,但只通过这些不足以形成一个社会,因此也无法与国家抗衡。一方面,在认同的等级制度中,国家认同被认为处于最高位置,因为国家可以最有效地将多种认同统一成一个连贯整体,特别是在面临危机的时候。另一方面,宗教运动被视为国家认同的附属,因为尽管宗教在吸纳人员方面有更大的自由性,但不同于民族主义的是,宗教需要将世俗和精神世界与宗教认同联系在一起,而不是完全专注于现实世界,精神世界会难以捉摸或与政治需求

---

① Ole Waever, Barry Buzan, Morten Kelstrup and Pierre Lemaitre, *Identity, Migration and the New Security Agenda in Europe* (London: Pinter, 1993), p.1.

② Buzan, *People, States and Fear: An Agenda*, pp.122ff.

③ Waever et al., *Identity, Migration and the New Security Agenda*, pp.17ff.

的存在相矛盾。[①] 在《认同、移民和欧洲新安全议程》一书中，社会安全的理论框架是在 20 世纪 90 年代初期欧洲安全格局的变化中发展而来的，事实上，我们也都知道在每个时间段和每个案例研究中，基本的社会单元都是被重新考量的。[②] 换句话说，以上关于宗教的观点都与 20 世纪 90 年代初期欧盟正式成立这一背景有关，任何与之不同的观点，比如之后关于宗教的重要性的观点，都不与之形成矛盾，而是与哥本哈根学派的著作构成了连续性。因为哥本哈根学派所有的分析都是与安全本质的发展趋势紧密相关的，当环境变化时，该学派就会转换分析的视角并构建新的框架。

即使所有的社会团体中只有国家认同和宗教活动能够维持足够大的规模，其他社会实体也有进行安全化的必要手段，因为这些社会实体可以提供社会安全，所以后者就可以被定义为：在风云变幻以及威胁的背景下，还能坚持其本质特性的能力。更确切地说，这是在可接受的变化范围内，关于语言、文化、团体和宗教、国家认同以及习俗等传统模式的持续性。[③]

这里需要指出的是，虽然安全化理论已经不是以国家为中心，但社会安全并不会迁就于个人或国际安全。社会安全是安全化理论的一个重要扩展，社会安全的概念清楚地指出，在安全研究中，除了国家之外，还有一个社会聚焦点也是处于非现实主义极端个体与安全性的全球指向之间。[④] 换句话说，虽然维夫接受了非国家中心的安全的概念，但这并没有与他早期关于国际安全和个人安全的不可能性的观点相矛盾。事实上，1995 年，他撰写了《安全化与非安全化》一文，重申了自己于 1989 年所提出的论点。三年后，在《安全：一个研究的新框架》(1998)一书中，哥本哈根学派的国家中心论被“概念上的发展”所代替，这种“概念上的发展”包括国家之外的其他主体和指涉对象。研究扩展的原因简单又有力，即安全本质的新趋势。在冷战结束之后，迄今为止被视为理所当然的国家的角色已经逐渐受到 20 世纪 90 年代出现的“新世界秩序”的挑战，同时，国家的定义也在国际关系理论的学术界中发生了变化。特别是考虑到连续性方面，如果哥本哈根学派关心现实的安全分析，他们的研究框架就应该适应这些改变。从以下对哥本哈根学派 1993 年出版的著作引用中，我们可以清楚地看出，哥本哈根学派开始灵活地适应这些改变，“对于以国家中心的角度来定义的安全化来说，

---

① Waever et al., *Identity, Migration and the New Security Agenda*, p.22.

② Waever et al., *Identity, Migration and the New Security Agenda*, p.190(emphasis added).

③ Waever et al., *Identity, Migration and the New Security Agenda*, p.23.

④ Waever et al., *Identity, Migration and the New Security Agenda*, p.186(emphasis added).

没有什么是不可避免或者永恒的；即使历史已证明的观点也可能会再次发生改变”[①]。在《安全：一个研究的新框架》中，哥本哈根学派扩展了安全化理论的范围，使其包含了其他指涉对象和国家之外的安全的提供者。但是这本著作保留了“安全化成功的关键在于主体是否有足够的能力”这一论点。对个体层面和国际层面的分析都是可以说明这一论点的例子，两者本来都是世界政策制定中的议题，而现在需要与哥本哈根学派的理论框架结合起来，这样才不会被忽视，1995年维夫就曾忽视过它们。换句话说，个人和国际现在都能作为研究层面，但是，因为这两个层面都缺乏相应的能力，所以两者能够成功进行安全化的可能性是很小的。于是，哥本哈根学派认为，尽管可能存在其他指涉对象，但国家、民族和文明仍然是安全分析中最突出的主体，因为这些主体有成功进行安全化的能力。尽管如此，在指涉对象的等级分层中，国家仍然是最高等级，因为事实上大部分安全化问题都是国家层面的。安全是属于一个国家主导下的主体竞争领域，这一观点被称作分析中的“国家主导领域”[②]，哥本哈根学派在之后的著作中概括道：在安全化理论的前提下，国家事务不能被武断地称为国家中心化，虽然在某种程度上，其研究结果仍然是国家中心化。[③] 也就是说，在安全化理论的概念中没有任何东西能够最终明确地将安全与国家联系起来。

第五节　矛盾或连贯？

尽管上述论点对安全化的拥护者来说是不言而喻的，但是，批评者可能不会那么轻易地被说服，他们有理由怀疑，这种从国家中心论到国家主导领域的理论转变，是否会使哥本哈根学派理论著作中的核心思想产生矛盾。因此，虽然这一改变在实践中显得很有道理，但出现的问题是，安全化理论在扩大其范围时如何与安全概念相对应？尤其是考虑到维夫反对依据指涉对象扩大安全概念的严厉措辞，以及他关于“安全概念指的是国家”的声明（都是在1995年），我们必须提出疑问：第一，他如何判断这一修正的安全化理论？第二，在这一改变后，之前的安全化理论的前提是否仍然有效？面

① Waever et al., *Identity, Migration and the New Security Agenda*, p.20.

② Buzan et al., *Security*, p.37.

③ Barry Buzan and Ole Waever, *Regions and Powers: The Structure of International Security* (Cambridge University Press, 2003), p.71.

对这些问题的挑战以及他自身前后观点的变化，维夫在2000年之后的一些作品中对这些问题花了很大的精力。他最重要的贡献是于2002年撰写了《安全概念史》，该著作从最早的罗马时期的安全概念一直追溯到当下。研究显示，安全概念在几百年中经历了不同形式的转变。例如，从负面到正面、从主观到客观等，这使得我们无法把安全作为一个恒定的或者是一个有恒定核心的概念来定义。[①] 20世纪40年代，国家利益被引入安全概念中，并得到有序发展。从那时起，我们便认为安全概念是20世纪40年代的产物，它与安全措施和安全需求联系在一起，维夫也赞同这种观点。[②]安全意义的扩大也并没有改变这一逻辑。相反，尽管在安全事件中，国家作为紧急安全措施的判断主体的地位在逐步下降，但是人们通过陈述某件事情是绝对必要的来对这一事件进行安全化，现在这一方法仍然被所有渴望确保自身生存的安全化主体所运用。

> 现在，安全概念的意义就是一种言语行为功能，可以将绝对优先权分配给某些特定事件。安全事件通常会被优先处理并在必要的时候不受限制。在历史上的安全概念并不含有这个功能，这个概念得到扩展是借用了其他概念的含义。[③]

换句话说，只有当国家构成这一轴心的时候，顺着指涉对象轴心扩展的安全概念的逻辑才不会改变。对安全化理论来说，这意味着它的内在逻辑——安全化主体为指涉对象声称危急——仍然是完整的。这进一步意味着扩大的指涉对象轴心可以与安全化理论框架相融合，并且不会产生矛盾。

根据以上阐述，这里有两个不断重复出现的问题塑造着安全化理论及其范围。第一个是为了能够成功进行安全化，安全化主体需要有一定的能力，否则安全化就只是一个安全化进程而已，毫无结果。第二个是安全化理论的目的是研究实践中的安全化和非安全化。这两个问题紧密相关，并具有决定性的意义，这在最近哥本哈根学派用其框架全面整合宗教分析的例

①② Ole Waever, "Security: A Conceptual History for International Relations", unpublished paper, presented at the British International Studies Association's 29th Annual Conference in London (2002), p.6.

③ Ole Waever, "Security: A Conceptual History for International Relations", unpublished paper, presented at the British International Studies Association's 29th Annual Conference in London (2002), p.44.

子中得到了很好的体现。在这之前维夫是单一地根据如何与共同体联系来分析宗教问题的，到2000年，他开始将宗教信仰作为一个安全化中的独立方面来进行分析。[①] 这种转变是受以下两种认识的影响：(1) 通过宗教运动，主体不仅可以对神圣的事物进行安全化，而且在大部分情况下，比对其他事物进行安全化还要简单一些，因为宗教的指涉对象——神灵——对群众(这里指拥有相同信仰的人)有吸引力，这些人认为指涉对象的存在就是他们个体本身的存在[②]；(2) 在现实中信仰被视为一个安全问题。

总而言之，尽管在哥本哈根学派的著作中，从国家中心论转变为国家主导领域的分析似乎是矛盾的，但事实上并非如此，哥本哈根学派的观点具有内在的逻辑一致性。考虑到能力在安全化中的重要性，以及现实中安全的发展趋势，安全化理论原则上是对符合以上两条标准的所有对象开放。安全永远处于不断变化之中，类似于此的变化都是安全化理论的必要组成部分，解释这些变化的能力也是这一理论运用以及普及的关键因素。最起码安全化理论的基础核心对将来的研究者是有用的，这也是我们不断改进这一理论的原因之一。

第六节　小　　结

本章的目的是检验安全化理论的本质，包括预测其未来发展。为此，本章主要讨论了伴随着安全化理论的三个反复被提起的问题：哥本哈根学派先驱者思想的独特混合、后结构现实主义的含义，以及维夫著作中关于国家角色的转变。本章展示了哥本哈根学派四位主要先驱者即奥斯汀、德里达、施密特和华尔兹的经典著作，这对于理解安全化理论来说是非常重要的，因为这些是维夫对安全化理论的意图性、方法论和限制性猜想的来源。这些先驱者的思想对维夫研究安全化理论的影响可以概括为以下几点。维夫提出的安全作为施为性言语行为的这一观点是从奥斯汀关于言语行为的论文中得到的启发，而且他进一步把奥斯汀的“合适条件”发展为“便利条件”。

---

① Carsten Bagge Laustsen and Ole Waever, “In Defence of Religion: Sacred Referent Objects of Securitization”, *Millennium: Journal of International Studies* 29 (2000), p.709.

② Carsten Bagge Laustsen and Ole Waever, “In Defence of Religion: Sacred Referent Objects of Securitization”, *Millennium: Journal of International Studies* 29 (2000), pp.719 - 720, 739.

安全化理论认同言语行为没有正确与否这个观点，为了更广泛地理解本书的写作目的，我们必须注意到，奥斯汀对无效的言语行为和仅仅是“不合适”的言语行为之间的区分没有被关注。维夫从德里达那里引用了“语境是不断变化的”这一观点，这也是我们无法确定保证言语行为成功的条件；同时也从德里达以前的导师卡鲁普·佩德森那里继承了“我们无法获知主体的内心思想”这一观点。因此，安全化研究者不应该试图去揣度安全化主体的想法、动机以及他们潜藏的意图或者秘密计划等[①]，而应该仅仅研究公开的文本。我们从威廉姆斯那里了解到，哥本哈根学派对安全的理解与施密特在政治中对敌友的区分是一致的。维夫对于政治的理解受到了阿伦特观点的启发。阿伦特当之无愧地可以作为第五位安全化理论的先驱者，她的“语言的无意识”这一观点促使维夫认识到要对自己的论文观点负责。维夫偏爱华尔兹的简约理论，即安全是为了生存。此外，维夫提出的“谁可以和谁不可以进行安全化”是仿照华尔兹主义（现实主义）中的能力观点而形成的。

之后的分析显示，结合德里达和华尔兹的观点对理解维夫在后结构现实主义中的地位十分重要。后结构现实主义隐含了安全化分析的目的，即安全只是一种自我指向性的实践，并不涉及自身以外的任何其他东西，安全就是指人们利用它做了什么。安全化研究者被放在了一个前所未有的位置上，去对安全的辩证本质进行说明并研究实践中的安全政策。在实践中对安全化和非安全化的研究被视为安全化理论的基础核心，人们也希望这一理论研究具有长期性。

后结构现实主义是安全化理论的一个重要组成部分，但也是哥本哈根学派一个致命弱点的源头——他们片面地考虑安全化和非安全化的影响，由此我们已经发现了安全化理论的一个最重要的局限性因素。我在下一章中将会提出一个修正的安全化理论，为弥补这一不足铺平道路。

---

① Ole Waever, “Identity, Communities and Foreign Policy”, in Lene Hansen and Ole Waever (eds.), *European Integration and National Identity: The Challenge of the Nordic States* (London: Routledge, 2001), p.26.

第二章　一个修正的安全化理论

安全化理论家不能清晰地区分安全化和非安全化的道德价值，这与他们无法解释安全化主体为什么要进行安全化相对应。但是，与前者不同的是，后者代表哥本哈根学派的一种意图性选择。这是一种建立在忽视“动机”与“意图”哲学区分基础上的选择。我们可以通过维夫以下的一段话来证明这一点：“语言分析只是针对公开文本进行的，它不是试图去揣度主体的想法或者动机，以及他们的隐藏意图或者秘密计划等。我们感兴趣的既不是决策者的想法，也不是人群的共同信念，而是主体之间相互联系时的规则。”[①]这段话很清楚地表明它忽视了意图是主体的目的[②]，而动机是决定主体的目的或选择的因素。区分这两个概念是非常重要的，虽然研究者没有办法知道是什么决定了主体的目的和选择(例如，我们不能确切地知道为什么阿尔伯特·戈尔会对环境问题而不是经济问题感兴趣)，但是我们可以知道主体做某件事情的目标是什么(例如，将环境作为一个安全问题)。牛津大学哲学家伊丽莎白·安斯科姆(Elizabeth Anscombe)曾举过一个例子。她说，如果某人杀了一个人，那么他一定是受某种感情(如爱或恨)所驱使，这是一个人去杀害另一个人的动机。局外人不会知道这个动机是什么，甚至当杀人凶手供认不讳的时候，我们还是不能得知其动机到底是什么。但是这些都不重要，用安斯科姆的话来说，动机并不是一切的原因。[③] 如果我爱或恨一个人，并不是说我一定要把这个人杀掉，只有当我希望生活在一个没有我爱或恨的那个人的世界里，并且我也准备好承受谋杀的结果时，我才会选择去谋杀。[④] 换句话说，意图是原因，如果无法得知意图，那么故意杀人

① Ole Waever, “Identity, Communities and Foreign Policy”, in Lene Hansen and Ole Waever (eds.), *European Integration and National Identity: The Challenge of the Nordic States* (London: Routledge, 2001). pp.26 - 27.

② Elizabeth Anscombe, *Intention* (Oxford: Basil Blackwell, 1957), p.18.

③ Elizabeth Anscombe, *Intention* (Oxford: Basil Blackwell, 1957), p.19.

④ Elizabeth Anscombe, *Intention* (Oxford: Basil Blackwell, 1957), pp.18 - 19.

或谋杀案件就永远都不能被侦破。

本章引入修正的安全化理论来建立对安全化主体意图的理论解释，为安全化和非安全化在环境安全方面的道德评价铺平道路。我们先从对现有安全化理论和哥本哈根学派理论的道德性批评开始。

第一节　安全化理论与道德性批评

现有的对安全化理论的道德性批评主要集中在研究者的角色，以及他们在写作和发表有关安全言论中所表现出来的道德责任。哥本哈根学派中有两个相关的问题一直是道德性批评的中心问题。第一个问题是，在哥本哈根学派研究框架内缺少规范性或有助于“解放”的概念；第二个问题是，作为安全化研究者，哥本哈根学派无视学派自身的著作及言论的政治结果。下面我将先对后一个问题进行阐述。

有些对哥本哈根学派的道德性批评来自社会安全的概念，更具体地说，是来自其指涉对象、认同概念，因为被认同的安全化隐含着政治风险和威胁。[①] 当然，这些政治风险和威胁来自法西斯主义者、种族歧视者、仇外者等滥用言语行为理论，以及利用安全化恶意破坏民主社会的核心价值的意识。对哥本哈根学派提出批评意见的评论家谴责的不仅是安全化理论潜在的政治结果，还有该学派滥用言语行为理论的可能性意识（这是对安全化理论的第一个道德性批评）。[②] 根据研究者永远不会是中立的这一基础，约翰·埃里克松（Johan Eriksson）提出哥本哈根学派必须考虑到他们学术观点的政治结果。他从对哥本哈根学派的批评中推断出安全化是一个政治选择，并将这一结论推及研究者本身，认为维夫等研究者的政治议程在他们的扩展的安全化理论中是可见的。对埃里克松来说，安全化理论与多部门安全化行动是不一致的。他认为，接受安全化观点和不承认个人在扩展安全议程中的责任，这两者是存在矛盾的。哥本哈根学派想尽可能维持先前的观点，包括安全的“部门化”，并试图将此与最近提出的安全化观点结合在一起，但是

① Johan Eriksson, “Observers or Advocates? On the Political Role of Security Analysis”, *Cooperation and Conflict* 34(2) (1999), p.321.

② 这里的“可能性意识”指的是哥本哈根学派的自我意识，可参阅 Ole Waever, “Securitization and Desecuritization”, in Ronnie D. Lipschutz, *On Security* (New York: Columbia University Press, 1995), pp. 65ff.; Ole Waever, Barry Buzan, Morten Kelstrup and Pierre Lemaitre, *Identity, Migration and the New Security Agenda in Europe* (London: Pinter, 1993), p.188.

这两者不能并存。[①] 哥本哈根学派显然是政治化的：如果从他们本身的安全化观点来看，他们比起研究者更像是政治家，他们将安全客观化，把威胁和敌人的负面含义传播到新的问题领域。[②]

因为埃里克松的批评论文是作为专题论文集的一部分出版的，所以维夫可以直接回应这些批评。在回应中，维夫说，埃里克松的以下批评是存在逻辑矛盾的，即在发现任何实际的安全化学说之前，我们(哥本哈根学派)假设了安全的五个方面作为我们分析的一部分。[③] 维夫继续说，这个主张是站不住脚的，因为：

> 就假设安全的五个方面来说，提出其中的某一个方面(比如经济问题)并不等同于真的存在(经济安全)问题，也不等同于该问题已经广泛蔓延或者已经被合法化了。五个方面的假设是一个分析网络，可以通过搜索现有的安全论述，以记录发生了什么。是否之后会发现环境方面有许多安全化问题，这是主体实践的结果，而不是五个方面假设的结果。比起安全化，我们更倾向于非安全化，因而不会在我们的倡议中主动提出新的内容。埃里克松的逻辑错误在于他将类型学与经验主义的不同类型混淆了。[④]

对假设安全的五个方面的选择与哥本哈根学派中个人倾向或个人主动性并没有联系，这一点在埃里克松自己的例子中得到了很好的体现，他将环境与哥本哈根学派广泛的安全议程相结合。维夫和布赞都对环境安全是解决环境问题的方法这一观点持怀疑态度。他们的怀疑在很大程度上是基于以下这一点，即威胁产生时不同程度的意图性行为中感知概念的错位。暴力威胁是一个高度的意图性行为，而环境恶化的威胁并不具有意图性。[⑤] 因此，维夫和布赞都认为环境问题不是一个安全问题。环境威胁的发生与主体意图无关，严格来说，他们认为主体意图或者一种蓄意行为建立起了安全领域的框架。[⑥]

---

① Eriksson, "Observers or Advocates?", p.315.

② Eriksson, "Observers or Advocates?", p.316.

③ Ole Waever, "Securitizing Sectors? Reply to Eriksson", *Cooperation and Conflict* 34(3) (1999), p.335.

④ Ole Waever, "Securitizing Sectors? Reply to Eriksson", *Cooperation and Conflict* 34(3) (1999), p.335 (emphasis added).

⑤ Daniel Deudney, "The Case against Linking Environmental Degradation and National Security", *Millennium* 19 (1990), p.464.

⑥ Waever, "Securitization and Desecuritization", p.63; Barry Buzan, "Environment as a Security Issue", in Paul Painchaud (ed.), *Geopolitical Perspectives on Environmental Security*, Cahier du GERPE No.92/05 (1992), Université Laval, Quebec, cited *ibid*.

根据埃里克松的逻辑，他们可以将环境摒除在这一框架之外。但正如埃里克松指出的那样，环境问题的安全化是现实生活中的事实，将其纳入框架之内是必要的，并且人们也已经这样做了，这与布赞和维夫个人选择的偏好无关。正如马克斯·韦伯(Max Weber)说的那样，"只有充足的数据才能决定某个问题，那是完全的事实，而不是原则的问题"。[①]

为了证明埃里克松的批评是站不住脚的，维夫用一个他认为"对哥本哈根学派来说更糟糕的"[②]方法来重新研究一致性，即对政治(社会)科学家在政治现实中建立的角色进行批判。这个观点认为，安全化研究者在论述一个具体的社会事实时，需要对这一事实的构建负责，因为在他们的论文中，这个事实被不断论述。对哥本哈根学派来说，这种批判是失败主义者的言论，因为根据他们对语言的理解，所有的安全言论都会成为潜在的安全问题。杰夫·海斯曼(Jef Huysmans)将它称为叙述和描述安全的标准困境，他说："就像做出承诺时诺言是语言的一种影响，安全问题也是产生于成功的安全叙述或安全描述。"正因为人们说出了"安全"这个词，安全问题才被引入公共政治的争议之中。因此，如果言语行为理论被成功运用，它就可能会引出安全问题。[③]

换句话说，在叙述和描述安全的过程中，安全化研究者自己就是在执行一个言语行为，如果他们提出的问题在学术文献或者更大的政策制定范围内被认可为一种安全化问题，那么这个言语行为就是成功的。细心的读者会发现，海斯曼所说的"标准困境"与第一章中提到的阿伦特的"语言无意识"是相似的。难怪哥本哈根学派对安全化与非安全化这两者的解释方式是相同的。

这一讨论引出了评论家对安全化理论的第二个道德性批评，即理论中缺少规范的、真正"解放"的目标。事实上，由于偏向非安全化，很多评论将非安全化等同于解放。[④] 解放与安全化相关的论点是在安全研究中所谓的威尔士学派

---

① Russell Keat and John Urry, *Social Theory as Science*, second edition (London: Routledge & Kegan Paul, 1982), p.199.

② Waever, "Securitizing Sector", p.335.

③ Jef Huysmans, "Language and the Mobilization of Security Expectations: The Normative Dilemma of Speaking and Writing Security", unpublished paper, presented at the ECPR Joint Sessions, Mannheim, Germany, 26-31 March 1999, p.8.

④ 参阅 Hayward Alker, "Emancipation in the Critical Security Studies Project", in Ken Booth (ed.), *Critical Security Studies and World Politics* (Boulder: Lynne Rienner, 2005), pp.189-214; Richard Wyn Jones, "On Emancipation: Necessity, Capacity, and Concrete Utopias", *ibid.*, pp.215-236; Claudia Aradau, "Security and the Democratic Scene: Desecuritization and Emancipation", *Journal of International Relations and Development* 7 (2004), pp.388-413.

研究传统批判理论的基础上发展而来的。批判理论学者从对正统概念和范畴的各种错误的、有些危险的认识中去寻求解放或认可人类的自我解放，错误意识是指人类错误地将自身身份客观化。[①] 根据这些观点，威尔士学派把对安全的传统解读视为安全研究以及实践中错误意识的表现，传统观点认为安全是与国家安全和军事安全相关的问题。他们认为，以权力和秩序的概念去理解安全并不能确保每个人的安全，因为这会不断强化安全的困境，其中一个主体的安全就会是另一个主体的不安全。他们认为，只有当人们把安全的概念从国家以及军事安全方面转到个体安全方面，我们才可能实现真正的安全。对他们来说，真正的安全是将穷人和处境不利者从现在的生活方式中解放出来。威尔士学派因此扩展了对政治和社会现实的新的解读，打破了现在相互对立的安全化与非安全化，从而实现解放自我的真正安全。[②] 这个学派著名的拥护者理查德·威恩·琼斯（Richard Wyn Jones），将“解放”与哥本哈根学派的观点联系起来，建议人们阅读哈贝马斯（Habermas）的关于非安全化的论文。[③] 在2004年的会议文献中，托马斯·迪兹（Thomas Diez）和东野笃子（Atsuko Higashino）讨论了这些方面，并启发我们去了解哈贝马斯是如何将非安全化和解放自我结合起来的。他们认为，当安全化停止了政治争辩时，非安全化却打开了政治争辩，由此更接近哈贝马斯的“理想语言情境”，即争论性行为战胜了策略性行为。[④] 在这个例子中，非安全化本身——作为世界性框架内的一项缺失——是解放的典范。

安全化理论如何与规范性目标相一致的问题，来自迈克尔·C.威廉姆斯上文提到的关于施密特和安全化理论的研究。这一规范性目标是安全化首次作为言语行为的一种结果，成功与否取决于话语的合法性。他强调了安全化进程中受众的作用。通过引用巴赞等的论点，威廉姆斯强调了受众的重要性：“安全化成功与否不是由安全化主导者决定的，而是由安全言语行为中的受众决定的，即受众是否接受有些东西对人类共同价值是存在威

① Raymond Geuss, *Idea of a Critical Theory* (Cambridge University Press, 1981), p.14.

② Ken Booth, "Security and Emancipation", *Review of International Studies* 17 (1991), pp.313-326; Ken Booth, "Security in Anarchy: Utopian Realism in Theory and Practice", *International Affairs* 67 (1991), pp. 527-545; Ken Booth, *Theory of World Security* (Cambridge University Press, 2007).

③ Richard Wyn Jones, *Security, Strategy, and Critical Theory* (Boulder: Lynne Rienner, 1999), p.123.

④ Thomas Diez and Atsuko Higashino "(De) Securitisation, Politicisation and European Union Enlargement", unpublished paper, presented at the British International Studies Association 29th Annual Conference, University of Warwick, 2004, p.3.

胁的。因此，(所有与政治相关的)安全根本上既不取决于客体，也不取决于主体，而是取决于主体之间的关系。”[①]

由于安全是由主体之间的制衡决定的，威廉姆斯从中看到了一种具有可能性的观点，从而启发他把安全化与哈贝马斯的交往行动和话语伦理思想联系起来。在威廉姆斯看来，哥本哈根学派避免了施密特根据现实政治所提出的政治道德，即安全化会受到公共政治范围内言论的影响。[②] 有趣的一点是，尽管威廉姆斯(及许多人)对安全化中受众的作用过于乐观，但毕竟，安全化是安全化主体与受众之间的主体间过程的这种总体思想，与华尔兹和奥斯汀关于安全化理论中权力、能力和表现性的观点是不一致的。蒂里·巴尔扎克坚信，安全化进程是一个言外行为，是一个单方向的表现，即说了什么，就做什么，这与安全化是主体间过程的观点也是不一致的。[③]

最初安全化框架中关于受众的另一个问题是，我们很难确定受众究竟是谁。在维夫的理论中，他认为受众不应该是所有人，而是随着时间以及政治系统的不同，其范围也不一样。[④] 在国家安全问题方面，最可能参与的或者被说服的是政治精英和军事官员。在美国，受众的一个可能人选就是国会，因为国会有充足的财力。[⑤] 然而，这样的说法难以维持，毕竟国会是美国外交政策执行的一部分并且也是安全化主体的一部分。尽管理论上国会可以行使他们的权力和拒绝拨款，但是国际安全问题的本质特征和国际政治的复杂化，会使国会带领国家或者在国家遭受危机时监督总统的政策举措变得十分困难。[⑥]

现有安全化理论受众的最根本的问题是，它并不是一个分析概念，而是一个分析掩饰下的规范化概念。这是因为根据主体间性的概念，维夫可以提出一个“规范承诺”。维夫从汉娜·阿伦特的论文中得到启发，他认为，政

---

① Barry Buzan, Ole Waever and Jaap de Wilde, *Security: A New Framework for Analysis* (Boulder: Lynne Rienner, 1998), cited in Michael C. Williams, “Words, Images, Enemies: Securitization and International Politics”, *International Studies Quarterly* 47 (2003), p.523.

② Barry Buzan, Ole Waever and Jaap de Wilde, *Security: A New Framework for Analysis* (Boulder: Lynne Rienner, 1998), cited in Michael C. Williams, “Words, Images, Enemies: Securitization and International Politics”, *International Studies Quarterly* 47 (2003), p.524.

③ Thierry Balzacq, “The Three Faces of Securitization: Political Agency, Audience and Context”, *European Journal of International Relations* 11 (2005), pp.175ff.

④ Ole Waever, “Securitisation: Taking Stock of a Research Programme in Security Studies”, unpublished manuscript (2003), p.12.

⑤ Eugene R. Wittkopf, Charles W. Kegley and James M. Scott, *American Foreign Policy*, sixth edition (London: Thomson Wadsworth, 2003), p.420.

⑥ Sam C. Sarkesian, John Williams, John Allan and Stephen Cimbala, *US National Security — Policy-makers, Processes and Politics*, third edition (Boulder: Lynne Rienner, 2002), p.193.

治应该通过对话，在深思熟虑并取得一致意见的基础上实施，相对应的政治是一个自上而下的过程。因此，在他看来，安全政策也是一个主体间的进程而不是由个体主张决定的。[①] 具体来说，为了避免简单地从客观到主观，我们需要强调安全化从来不会由一个主权主体决定（和施密特对比），关于安全化的一系列决策都是由一群相关的主体所最终决定的（阿伦特理论中真实的政治化）。[②] 换句话说，受众的概念源于维夫所提出的"政治应该是什么"，而不是"政治在事实上是什么"这一理念。而维夫早年论文中受众概念的缺失并不影响我在这里的解释，这也证明他早前正在酝酿着这一主题的理论观点。[③]

尽管"受众"不是一个分析概念，但国家安全中的受众对安全化和谁能进行安全化是有影响的。在政府机构中，如果受众承认或拒绝一个特定的人作为政治代理，那么他们就比其他主体更能够成功地进行安全化。在民主体制中，这通常通过选举来进行。从这个方面来说，我关于安全化主体与受众关系的观点，与布尔迪厄关于政治领域中政治家和选举人关系的这一观点很接近。布尔迪厄认为，政治领域和其他领域（文学、数学等）不同，因为民主体制下的政治家（政治领域中的主体）并非完全自主，而是通过定期举行的选举向公众展示自己。政治领域与文学领域或数学领域最大的区别是，政治家受制于选民的选择。他们必须定期面对选民，得到选民们的认可。如此一来，他们的一部分行动将一直与公众相连，政治家无法期望完全与公众隔离。[④] 同时，公众可以自由选择喜欢或不喜欢政府的安全化，但从根本上来说，他们最有力的武器是选举和重新选举。

将受众等同于选民有几个方面的好处。首先，这容纳了威廉姆斯关于政治道德的观点，即安全化容易受到公共政治范围内权力的影响，因为谁能够进行安全化是由选民决定的。其次，这使我能清楚地定义受众的本质和作用。最后，这能够解决巴尔扎克安全化理论中关于主体间性与表现性的困惑。这个再构造的最大的不利之处在于"民主中心化"，也因此会面临各种批评。

---

① Ole Waever, *Concepts of Security* (Copenhagen: Institute of Political Science, University of Copenhagen, 1997), p.3.

② Waever, "Securitisation: Taking Stock", p.14.

③ 关于维夫的早期论文和之后哥本哈根学派的论文中所阐释的受众的作用，参阅 Holger Stritzel, "Towards a Theory of Securitization: Copenhagen and Beyond", *European Journal of International Relations* 13 (2007), p.363.

④ "Pierre Bourdieu im Gespräch mit Philippe Fritsch", in Pierre Bourdieu, *Das politische Feld: Zur Kritik der politischen Vernunft* (Konstanz: UVK Verlagsgesellschaft mbH, 2001), p.34 (my translation).

第二节 修正的安全化理论

迄今为止，评论家对安全化理论最严重的批评是，安全化不能既作为言外言语行为的作用，又依赖于受众的接受程度，因为前者本身就否定了后者的作用。[①] 如果安全化是言内行为，那么哥本哈根学派反复强调的“安全化进程”与“完全的安全化”就会是多余的，因为这种说法本身（安全化行动）就是一种完全的安全化，反之亦然。

但是，言后言语行为理论是支持这两者之间的区别的，这一行为指的是言语行为的一种表现，即让别人做什么事。这不仅最少牵涉两个主体（声明者 A 和执行者 B），而且还需要包括两件事情，即声明者 A 的言语行为（安全的开始）和执行者 B 的行动，这才是完全的安全化。正如巴尔扎克强有力论证的那样，只有言后言语行为才能够解释受众在安全化理论中的作用，也正因为如此，他认为言后行为理论比言外行为理论更能抓住哥本哈根学派安全化理论的逻辑。[②] 但是，我反对将受众视为规范性实体，这种规范性实体衍生自维夫“政治应该是什么”的观点，安全化并没有精确地被言外行为理论所反映出来。

比起完全抛弃言语理论，我们还有另一种选择，即指出安全化进程与安全化的区别，同时避免将受众在安全化进程中的作用进行理论化。这一观点认为，安全化进程只是安全化中言外行为的一部分，而不是一种言语行为。[③] 这一观点进而认为，安全化是由两个部分组成的：(1) 安全化进程；(2) 安全实践。这个构想的动力是来自维夫早期的论文，维夫认为安全属于国家的概念，而受众在安全化理论中是没有地位的。因此，维夫在 1989 年定义了安全与言外行为理论的关系：

> 言外行为与安全的关系是什么？这是对特殊情况的一种定义，即国家用所有可能的手段来对抗一个特定类型的事件（安全）。这既是一种威胁，也是一种承诺，因为国家已经在这一特殊问题上下了更多的赌注，统治权“本身”（政权）可能会受到怀疑，言外力量关系到能否成功地建立安

---

① Balzacq, “The Three Faces of Securitization”, pp. 175ff.; Stritzel, “Towards a Theory of Securitization”, p.363.

② Balzacq, “The Three Faces of Securitization”, pp.175ff.

③ Buzan et al., *Security: A New Framework for Analysis*, p.26.

全,这个问题在这里变成了一个测试案例。这是一个开放性问题,即国家是否成功地阻止了问题的发展——可能会对统治权或社会秩序产生影响。言语行为本身只是为了把利害关系提升到刚性高度。[①]

这一段文字说明,安全化主体并没有通过叙说安全而完成如前述理论所提到的安全化,但是通过运用特定修辞结构(生存、行动的优先权,“如果现在不解决问题就太迟了,我们将没有机会补救我们的失败”)[②],安全化主体会立即对任何有威胁的人发出警告或者对任何主体想要保护的人做出承诺。这里的警告和承诺是指安全化主体在践行言语行为过程中做了什么,而不是安全或事实上的安全化。安全化只有在以下情况下存在:(1) 有关代理人相关行为的变化加强了其对存在威胁性危险的判断;(2) 这一相关行为的变化也是有关代理人根据现有威胁(安全实践)做出的判断。[③]

因此,我修正的安全化理论涉及两件事情。一方面,与哥本哈根学派相比,提高了安全化存在的门槛。哥本哈根学派设定,只要受众接受现有的威胁,且不需要有任何行为上的改变,某个问题就会被安全化。另一方面,降低了成功进行安全化的门槛。哥本哈根学派认为,安全化的成功需要满足以下条件:(1) 对现有威胁进行判断;(2) 有紧急措施;(3) 通过打破规则使个体之间的关系发生改变。[④] 在我的理论中,只要安全化成立,那就是成功的。因为哥本哈根学派想把事件从最重要到最不重要进行排列,因而设定了高标准的门槛[⑤],他们认为安全分析主要在于研究安全化成功的例子[⑥]。但如果只关注最戏剧性的安全化,我们就很有可能忽视很重要的一点,即安全化主体的意图。正是从这些哥本哈根学派认为失败的安全化案例中,我们深入了解到安全化主体为什么要进行安全化,以及那些从成功的

---

① Ole Waever, “Security, the Speech Act: Analysing the Politics of a Word”, unpublished paper, presented at the Research Training Seminar, Sostrup Manor, 1989, revised, Jerusalem/Tel Aviv 25 - 26 June 1989, pp.42 - 43 (emphasis added).

② Buzan et al., *Security*, p.26.

③ 这一语境中的问题是,为什么我的安全化理论会强调言语行为元素呢?与之相关的是,安全化能否不仅仅由安全实践组成?尽管言语行为在严格意义上不一定是成为安全议题的严格条件,但也有一种情况是,陈述自己的目标和优先事项是政府问责制的内在组成部分。考虑到我修正的安全化理论将受众定义为选民,因此,在安全化的必要性和合理性这一问题上,受众需要被说服。对安全化研究者来说,语言、安全改变是很重要的,因为这将帮助他们确定安全化主体的身份。

④ Buzan et al., *Security*, p.26.

⑤ Buzan et al., *Security*, p.25.

⑥ Buzan et al., *Security*, p.39.

安全化案例中永远看不到的东西。[①] 很关键的一点是，即使安全化并没有带来后续的行动（这是哥本哈根学派所提出的所谓安全化成功的标准），安全化主体仍然有理由解释为什么他们需要进行安全化。这个问题很重要：某人选择安全化，难道只是为了在安全化之下可以打破规则和采取紧急措施？事实上，人们会怀疑安全化主体对现有威胁的判断的真伪（如 2003 年美英联军攻打伊拉克，人们对其背后的真实理由有很多推断），但安全化主体不必一直真心吐露他们的意图，毕竟只有当安全化主体对安全问题所做的回应与对现有威胁判断的说法不相对应时，安全化主体的意图才会不那么明显。专注于成功进行安全化的哥本哈根学派不讨论关于安全化主体意图的任何问题，该学派简单地认为，安全化主体进行安全化就是为了保障指涉对象（他们自认为受到安全威胁的指涉对象）的安全，因此，安全化的受益对象是安全化主体所认定的指涉对象。[②] 如此一来，他们无视了这样一个事实，即安全化要使“指涉对象受益”（后文将延用这个提法），还需要满足两个条件：(1) 安全化主体有保障指涉对象安全的强烈意愿；(2) 安全化主体用行动去减缓他所认为的非安全进程。换句话说，指涉对象受益的安全化假设需要满足奥斯汀观点中的诚意及其相关条件。如果不能满足这两个条件，也并不会使言语行为无效，而仅仅是不合适而已（在第一章中已进行了比较），这说明“不合适”的安全化是存在的。

我认为“不合适”的安全化的明显特征是安全化主体所说和所做之间存在差异，也是安全化进程和安全化实践之间的差异。为了检验这种差异性，我们需要关注安全化的实践是否与安全化主体的说法一致。如果是这样，那么我们面对的就是一个指涉对象受益的安全化。如果在安全化实践和安全化进程中存在一个巨大的无法解释的缺口，那么我们就可以推断安全化受益者不是我们所说的指涉对象，而是另有其人。一个明显的受益人是安全化主体，因为所有被安全化授予有关安全条款的代理人都有一定的存在

---

① 维夫认识到对这部分的安全化案例进行研究是有必要的。他说道：“我们需要研究更多的非安全化和失败的安全化行为，以使局部的安全化更值得被探索。这与西欧息息相关。例如，丹麦研究的波罗的海国家的安全问题虽然并不是丹麦面临的现有威胁，但这一研究为这个问题提供了一些论证……‘是否安全化’的概念可以通过混合或部分情形的实证研究而被区分开来。”(Waever, “Securitisation: Taking Stock”, p.26)

② 维夫和哥本哈根学派更清晰地意识到，安全化会因为权力者的自我服务目的而被滥用。维夫认为，权力的拥有者可以使用安全化工具，通过这种方式，他们就可以将他们所认定的一个问题作为安全问题来进行定义……这是无解的，因为管理这一“秩序原则”（安全化）的人可以很容易地将其用于特定的自私目的(*Concepts of Security*, p.221)。意识到这点和证明这件事是不同的，通过我修正的安全化理论，安全化研究者可以兼顾这两个方面。

理由，代理人受益的安全化与指涉对象受益的安全化的区别在于，前者首要的受益对象是安全化主体，后者只是安全化的附带结果。因此，为什么主体需要安全化与谁或者是什么从安全化中受益这类问题是分不开的。

在深入了解安全化主体意图的基础上，根据受益人的不同来区分不同类型的安全化是十分重要的，这说明不是所有的安全化在道德上都是平等的。依据“谁或者是什么从安全化中受益”，我们可以提出这样的可能性：安全化的结果可以是道德正确的，也可以是道德错误的。这与哥本哈根学派的观点相反，哥本哈根学派认为安全化一定是道德错误的，而非安全化一定是道德正确的。但是，如果后者成为事实，那么非安全化将总是且必然带来同样的结果，这也是哥本哈根学派明显认同的结论。他们认为，在非安全化的进程中，安全问题将脱离危险防御而进入常规的公共范围，从而可以根据民主政治体系中的规范加以解决[①]，所以对于哥本哈根学派来说，非安全化将导致政治化。维夫将政治化定义为国家事务：

> （现实中存在的）问题是公共政策的一部分，需要政府决策和资源分配或其他形式的公共治理。这意味着要使一个问题公开地显现出来，变成一个有关选择的问题，就需要政府负责任地做出决定，将该问题与其他不应该区别对待的问题（自然规律）或不应该受政治控制的问题（如自由经济、私人领域、专家决策）进行对比。[②]

无论如何，上述政治化的定义仅仅是目前存在的三个可能的定义之一；事实上，这个概念可以指所有国家事务的实质都是政治的，或者更狭义地说，也可以指带来官方政治权力的事务。政治化概念的范围越广，非安全化导致政治化这一观点就越明显。如果所有的事情都是政治化的，那么任何不是安全化的事情从定义上来看最后都将被政治化。与此同时，这个逻辑也说明，当政治只是被简单地定义为与政治权力相关时，那么非安全化并不会自然而然地导致政治化。因此，对当权者来说，非安全化问题不会继续存在于政治议程中，即使它对于其他主体来说仍然值得担忧。从政治化的狭义定义来看，我们可以说非安全化既可以导致政治化，也可以导致非政治化。

在本章前半部分，我反驳了安全化是安全化主体与特定受众之间的主

① Buzan et al., *Security*, p.29.
② Waever, “Securitisation: Taking Stock”, pp.10, 12.

体间进程。我认为，在国家安全中，进行安全化的权力只是基于官方的政治权力，考虑到安全化行为本身是政治化的一部分，本书对政治和政治化进行了更为狭义的解读。由此可以得出两种非安全化。第一种是政治化的非安全化，这意味着即使是在非安全化之后，安全问题仍然存在于权力者的政治议程中。第二种是非政治化的非安全化，即安全问题从政治议程中消失。因此在本书中，尽管广义的政治领域中其他主体（如非政府组织、社团、反对派政治家等）仍然在非安全化后对这一问题进行探讨，但这些活动并不构成政治化。只有政府继续探讨这个问题时，才会出现我们所说的政治化的非安全化。

区分非政治化的非安全化和政治化的非安全化是很重要的。根据我之前所说的两者的区别，我们可以得出，不是所有的非安全化在道德评价上都是一致的，既存在道德正确的非安全化，也存在道德错误的非安全化。这些区别使我能够思考对环境安全方面非安全化和安全化的道德评价，在第六章中我将会对此进行分析，接下来我将提及两个重要内容。

第一，尽管意识到安全化主体的目的各不相同，这推动安全化主体对环境安全进行道德评价，但我不会在环境安全方面根据安全化主体的意图来评价安全化，而是根据不同环境安全政策的结果来进行评价。这是一个很大的不同，根据结果主义的逻辑，只有正确的行为才可以得到最好的结果，因而意图的作用被否定了。严格来说，只有在安全化主体与某种行为的实际结果有关，而不是与预期结果有关时，情况才是如此。实际结果的结果主义不会区分以下两种情况，虽然这两种情况最终都表现为失败：一种情况是为了造成最坏的失败结果而采取行动；另一种情况是为了不出现最坏的失败结果而采取行动。相比较而言，预期结果的结果主义认为，正确的行为并不会必然带来最佳的结果，而是根据可靠的证据可以带来最期望的结果行为（最期待的效用）。[①] 换句话说，预期结果主义考虑的是主体是否想在任何情况下都要实现效用最大化。我运用的预期结果主义与实际结果主义不同，除了对已经发生的安全政策进行评判外，它还提出了一项简单评价的安全政策、一个前瞻性的协商理论。[②]

第二，上文提到，维夫和哥本哈根学派提出将非安全化作为一个避开"有关安全'说'与'做'之间的困境"的方法，每次提到安全问题时，相信言语

① William H.Shaw, *Contemporary Ethics: Taking Account of Utilitarianism* (Oxford: Blackwell Publishers, 1999), p.29 (emphasis added).

② Marcus G. Singer, "Actual Consequence Utilitarianism", *Mind* 86 (1977), pp.72 - 73.

行为能力的安全化主体都不可避免地要承担安全者的角色。只有当提出的问题在学术文献中或者更广泛的政策制定中被公认为一个安全问题时,那么这个安全化才可以说是成功的。而在我修正的安全化理论中,上述过程将不复存在,因为我否定了语言的安全化能力。在描述一个特定的安全化时,安全化研究者运用我的理论最多是提出警告(不太可能做出保护承诺);即使后来其他安全化研究者对这个问题的看法相同,但是也不能将其构成安全化。只有当主体有充分的能力认识到这个警告,并且回应它及采取了相应的措施,这个问题才能被安全化。不考虑标准困境的逻辑,不代表可以忽视标准理论的建立,毕竟仍然有一些更合乎道德的安全政策,作为安全化研究者,我们的责任是帮助潜在的安全化主体区分对与错。

第三节 小 结

这一章提出了一个修正的安全化理论,使我们可以深入地了解安全化主体的意图,并为评价环境安全方面安全化与非安全化的标准铺平了道路。尽管哥本哈根学派触及了这两个问题,但他们没能给出一个合理的解释。他们拒绝对意图进行理论化,是因为他们没能区分意图和动力这两个哲学概念。相应地,尽管他们认识到了对安全政策进行道德评价的重要性,但没有跳出非安全化是道德正确的、安全化是道德错误的这一观念。这一缺乏远见的理论的形成原因在于他们预见了安全化和非安全化的结果,即非民主化和政治化。换句话说,他们无法构想安全化和非安全化的替代后果,这使得他们对此的道德评价必然是不完整的和片面的。

修正的安全化理论的优势,并不只是停留在环境方面的意图理论建构和可能的道德评价中。根据我的理论,与传统学者相比,安全化研究者可以对传统的安全分析问题中的安全政策做出更清晰、更详细的解释。当检验现有的安全威胁时,我的理论框架只限于使用言语分析和安全化进程领域内的公开性文本。但是,当研究安全实践时,安全化研究者可以运用言语分析以外的方法,如采访或其他的公开文本。在分析克林顿政府和布什政府时期的美国环境安全政策时,我几乎对与这些政策相关的主体都进行过采访,并利用了大量的未公开的但与安全政策紧密相关的文本,如美国国防部(Department of Defense, DOD)定义的环境安全的含义,比起只用言语分析的方法,这些文本和采访能够帮助我更好地进行理论分析。

第三章　美国国家安全性的提升

前面提出的修正的安全化理论框架指出，安全化研究者需要关注安全化进程。需要重申的是，安全化行动是安全化的言外行为(只有实现安全实践才算完成安全化)，安全化主体通过“叙说安全”来做些什么事情，比如提出关于危险事件的警告或者做出关于需要保护的东西的承诺。本章的首要任务是，以克林顿政府的环境安全政策为例，揭示安全化行动的本质。除非特别说明，否则本章中的克林顿政府时期均指克林顿总统的第一个任期(1993—1997)。环境威胁被吉恩・普林斯(Gywn Prins)贴切地形容为“没有敌人的威胁”，这里的安全化行动很大程度上是指承诺只保护某人或某物。[①]

尽管本章只是从克林顿政府的环境政策出发来追溯美国对环境安全问题(安全化行动)认知的历史(也就是在这一阶段，我不会断言美国环境安全战略是一个成功的安全化案例)，但我至少会指出为什么环境问题会成为国家安全问题，这正是因为安全化的缘由与美国环境安全的起源之间有重叠的部分。

第一节　美国国家安全机构和结构

要理解美国的国家安全政策，首先我们需要知道政策并不是依靠一个机构或个人的努力才构成的，而是一个复杂的公共机构网络共同努力的成果，美国国家安全组成系统包括总统、国家安全顾问、国家安全委员会(National Security Council, NSC)，更重要的还有国防部部长、国务卿和副总统，次要的范围还包括中央情报局(Central Intelligence Agency, CIA)和国会。国家安全的组成系统是美国环境安全中的安全化主体。尽管有些机

---

① Gwyn Prins, *Threats without Enemies: Facing Environmental Insecurity* (London: Earthscan Publications, 1993). 请注意，这里的行动可能会随着气候安全日益增长的重要性而发生变化，在这种情况下，故意忽视气候变化而不采取应对措施会成为一个问题。

构比其他机构(最重要的是国防部)对环境安全承担更多的责任,但是不需要将行政部门的各个部分拆分开来,去比较每个机构单独做了什么。国家安全的组成系统必须被视为一个整体,国防部推行的环境安全政策实际上是先由国会议员通过,接着由副总统阿尔伯特·戈尔批准的。

像美国很多其他政策制定系统一样,国家安全的组成系统模仿了整个政府体系中的制衡原则。举一个实际的例子,首先,所有的国家安全问题,总统都是先听取国家安全顾问的建议,虽然他可以不顾这些建议,但会受到国会法规和预算的限制。其次,国家安全顾问与总统之间相互影响,安全顾问需要和总统保持良好的关系,在受总统影响的同时,也有很强的能力去影响总统。再次,国家安全委员会的内部结构平衡了国务院(Department of State, DOS)、国防部和国家安全顾问的偏好。最后,尽管国会控制着预算,但不能将资金随意地分配到国家安全政策方面。许多资金与官僚机构相联系,几乎没有空间让国会随意调配。[①]

尽管在国家安全系统内部有这些看似强有力的结构性束缚,但是在美国国家安全系统构成方面,机构的作用还是很明显的,因为在确定资金用于何处这个过程中,代理人(这里需要注意,在国家安全领域上下左右衔接中,大部分行政工作是由各自掌握代理权的代理人所主导)可以通过积极地创造他们存在的需要,以此来左右机构的日常行政。因此,在本书中,美国环境安全的结构和机构被视为同等重要且相互建构的。

国家安全组成系统承担着正式发布《国家安全战略报告》的职责。《国家安全战略报告》是美国外交和安全政策的最高级别的官方文件[②],它包含三个目标:(1) 从历史的角度看待过去的战略结构;(2) 阐述美国的利益;(3) 分析美国面临的威胁和期望的目标以及达到目标的方法[③]。《国家安全战略报告》由总统发布,超越国会与总统之间的分权,使美国政府能够对外统一口径,并且专注于在紧要关头发挥总统的有效作用。在《国家安全战略报告》结构中,总统是国家最高代表、决策者和命令发布者,总统将综合考虑代表他与其党派利益的安全问题和国家安全委员会、国防部、国务院、中央

---

① Sam C. Sarkesian, John Allen Williams and Stephen J. Cimbala, *US National Security: Policymakers, Processes and Politics*, third edition (Boulder: Lynne Rienner, 2002), pp.97ff.

② 美国直到1986年才有正式成文的《国家安全战略报告》,国会通过了《戈德华特-尼科尔斯国防部重构法案》,这一条例规定了每届美国政府需要提供的国家安全战略总数(每年一次),尽管这不是该条例的主要目的。Roland Dannreuther and John Peterson, "Introduction: Security Strategy as Doctrine", in Roland Dannreuther and John Peterson (eds.), *Security Strategy and Transatlantic Relations* (Abingdon: Routledge, 2006), p.7.

③ C. J. Fairchild, "Does our Nation's Security Strategy Address the Real Threats?" (1989).

情报局以及行政管理和预算局的建议。

根据美国 21 世纪国家安全委员会(也称为哈特-鲁德曼委员会[①])的观点,《国家安全战略报告》必须找到美国国家利益的支撑点,同时为了美国全社会的基本福利而必须切实保护和增加这一国家利益。[②] 国家利益被定义为国家最重要的东西,是至高无上的。杰克·戈德斯通(Jack Goldstone)对什么是国家安全问题和什么是国家利益做出了合理分析。

> 国家安全问题源自以下趋势或事件:(1) 威胁国家生存;(2) 大幅降低国家福利并在很大程度上需要动员和协调全国的资源来减轻或扭转局势。虽然这一定义看上去具有常识性,但是从这个定义中我们可以看出,不是任何威胁或福利缩减都会对国家安全构成威胁,会构成威胁的是对事情的预期、判断和程度,而在民主制度中,这正是全国辩论的一个合法主题。[③]

哈特-鲁德曼委员会将国家利益分成三个等级:(1) 生存利益,如果缺少这个利益,美国将不复存在;(2) 关键利益,生存问题之下的一个层次;(3) 重大利益,美国必须为之采取行动,而这一行动会对国际局势产生重要影响。[④]

这一概括说明,美国国家安全政策是在严格按照美国体系中宪法对权力划分的基础上形成的,涉及一个复杂的政策制定过程。国际局势安全、总统领导力、公共意见和情报收集,还有其他的一些方面,都可能扩展为一个国家安全问题,并对明确什么是国家利益起到了重要作用。

第二节　冷战之后的美国国家安全

冷战结束后,美国国家安全政策在无序的状态下运行。在这个阶段出现了所谓的对安全的新威胁,而环境恶化作为其中潜在的威胁之一,很快就

---

① 这个委员会的非官方名称是以曾在监督委员会工作过的前美国参议员加里·哈特(D)和沃伦·鲁德曼(R)的名字来命名的。

② Phase II report on a US National Security Strategy for the 21st Century, "Seeking a National Strategy: A Concert for Preserving Security and for Promoting Freedom" (Washington DC: US Commission on National Security 21st Century, 2000), p.7.

③ Jack Goldstone, "Debate", *Environmental Change and Security Project Report* (Washington DC: The Woodrow Wilson Center, 1996), p.66.

④ Phase II Report, p.7.

引起了政策制定者的注意。"环境安全"于1991年第一次在《国家安全战略报告》中被提到，乔治·H.W.布什总统在强调美国20世纪90年代的利益和目标时说："美国将尽可能与盟友协商以应对重要的环境挑战……提出合作的国际解决方案，不仅要确保可持续性和环境安全，而且也要确保所有的发展并抓住机遇。"[①]根据之前的论点，我们可以得出两个结论。第一，直到1991年，环境问题才变成一个国家利益问题；第二，环境问题被纳入美国国家安全中。除了在偶然的严峻状况下，在1991年之前环境问题从未这样被提及。在这里我们必须提出一个疑问：对环境的关心从何而来？这是一个重要的问题，因为其源头并不能简单地追溯到一个严重的（环境）灾难，像"9·11"事件之后进行的"反恐战争"。[②] 为了回答这一问题，这里需要提到的是，环境安全（与其他非传统安全事件一起）是在冷战之后被纳入《国家安全战略报告》的。这不是巧合，关于这一部分的情况，本书在后面将会继续进行说明，冷战的结束在将非传统安全问题如环境问题纳入国家安全领域，从而使国家安全的范围得到扩展方面发挥了关键性的作用。

冷战结束之后，美国国家安全的本质发生了改变。为了解释这一点，一些研究安全问题的学者提出一个新的安全学说（这里同时指真实的政策制定议程和学术理论），这一学说与冷战来临之前的学说相似。[③] 戴维·鲍德温(David Baldwin)曾认为，冷战"军事化了美国的安全政策"，使美国成了一个不寻常的国家，同时也军事化了安全学说。[④] 他还提出，后冷战时期美国的安全政策与1945—1955年的"一些思想方式、政策问题、安全概念和治国方略的讨论"相类似，其中也考虑到了战争的非军事部分，如法律的、道德

---

① *National Security Strategy of the United States*, August 1991.

② 切尔诺贝利(Chernobyl)事件在环境和安全的连接中扮演了重要的角色，因此也影响了美国对这一问题的认识，但是这一影响与"9·11"事件对于国家安全的影响相比不值一提。

③ 参阅 Franklyn Giffiths, "Environment in the US Security Debate: The Case of the Missing Arctic Waters", *Environmental Change and Security Project Report* (Washington DC: The Woodrow Wilson Center, 1997); Richard Smoke, *National Security and the Nuclear Dilemma: An Introduction to the American Experience in the Cold War*, third edition (New York: McGraw-Hill, 1993); Braden Allenby, "New Priorities in US Foreign Policy: Defining and Implementing Environmental Security", in Paul Harris (ed.), *The Environment, International Relations and US Foreign Policy* (Washington DC: Georgetown University Press, 2001), pp. 45 - 67; Mary Margaret Evans, John W. Mentz, Robert Chandler and Stephanie L. Eubanks, "The Changing Definition of National Security", in Miriam R. Lowi and Brian R. Shaw (eds.), *Environment and Security: Discourses and Practices* (New York: St Martin's Press, 2002), pp.11 - 31.

④ David Baldwin, "Security Studies and the End of the Cold War", *World Politics* 48 (1995), p.125.

的、生物的、哲学的等问题，这些都成了人们所担忧的问题。[1]

假设冷战及其军事焦点没有成为美国安全政策考量的标准，或者只是一个例外，那么其他非军事安全问题则必然在各个时期都是存在的，只是现在被冷战所覆盖了。[2] 因此，在本章的分析中我们必须提出以下问题：是否在冷战时期，环境或其恶化的状态就已经被获知是一个潜在的安全问题？由于该问题被冷战所覆盖，所以我们很难对这个问题做出满意的回答。但是，一些学者尝试对该问题进行了解答。通过对前任总统和环境关系的研究，雷蒙德·塔塔洛维奇（Raymond Tatalovich）和马克·J. 瓦捷（Mark J. Wattier）认为，环境的安全问题至少能追溯到 20 世纪 70 年代。民主党在 1972 年说道：

> 当一个地区的生态平衡因私人利益的影响而被严重改变时，我们的环境安全将受到最严重的威胁。比如砍伐树木、露天采矿、肆意破坏物种、牺牲其他物种去开发海洋作物以及无节制地使用农药等做法，当这些威胁到我们保持环境稳定的能力时，任何主体都无法为这些行为进行辩解。[3]

“环境安全”这一术语也已经在 1976 年民主党政治纲领中被使用，民主党领袖在攻击共和党时说：“民主党的全面规划，即达到基础环境安全，受到行政当局的阻挠，并被毫无根据地指责经济增长和环境保护是矛盾的。”[4]这里的环境安全是如何被定义的我们尚不清楚，但可以说明的是，在冷战时期，安全与环境这两个词汇已经结合，这表明在那个时期与环境相关的安全问题只是被覆盖了。里根总统公布的 1988 年《国家安全战略报告》包含以下段落：

---

① David Baldwin, “Security Studies and the End of the Cold War”, *World Politics* 48 (1995), p.141.

② 这里的“覆盖”是对巴里·布赞的“覆盖”概念的类推，是指一个或多个外部权力直接移植到本地安全复合体中，具有抑制本地安全动态的效果。Barry Buzan, *People, States and Fear: An Agenda for International Security Studies in the Post-Cold War Era*, second edition (Hempel Hempstead: Harvester Wheatsheaf, 1991), pp.219 - 220.

③ Raymond Tatalovich and Mark J. Wattier, “Opinion Leadership: Elections, Campaign, Agenda Setting, and Environmentalism”, in Dennis L. Soden (ed.), *The Environmental Presidency* (New York: State University of New York Press, 1999), p.155.

④ Raymond Tatalovich and Mark J. Wattier, “Opinion Leadership: Elections, Campaign, Agenda Setting, and Environmentalism”, in Dennis L. Soden (ed.), *The Environmental Presidency* (New York: State University of New York Press, 1999), p.155. (emphasis added).

> 食物短缺、医疗服务缺失以及无力满足其他基本需求等问题将导致几百万人,特别是非洲人面临死亡。一些国家的自然资源(包括土壤、森林、水、空气)的枯竭和污染,会加剧它们的环境问题,甚至会加剧全球的环境问题……上述问题会对和平及繁荣造成潜在威胁,这关乎各国的国家利益。[①]

国防部环境安全指令下的许多项目早在使用环境安全语言之前就已经存在了,这清楚地表明在冷战期间人们就已经意识到环境安全问题了。同样地,美国国防部在20世纪80年代前就参与了北约领导的在环境安全方面的尝试,美国国务院认识到与环境相关的外交政策问题已经超过20年了(从1995年左右算起)。[②]

根据以上所说,学者们(比如鲍德温)提出,冷战期间美国国家安全的着重点是非常狭隘的,这一观点是合理的。事实上,环境安全问题在冷战之前和冷战期间就已经被提出来了,因此我们能更容易理解为什么这一问题在冷战之后,随着军事"覆盖"的结束而重新出现在公共视野并引起关注。1992年,戴维·坎贝尔(David Campbell)在研究美国外交政策的《论安全》一书中提到了这一概念。在这一部分研究内容中,坎贝尔认为国家是依据"危险的言论"来战胜被描述出来的危机的。在保护公民免受威胁方面,除了保护生命、自由和财产安全等理由之外,国家还应该依据哪些方面的理由来证明自己可以保护公民免受威胁呢?坎贝尔提出,在后冷战时期出现的"危险的言论"并不是一个新的理论。哪种威胁会被具体化,总是涉及不止一个指涉对象,因而所谓"新的事物"经常是之前被淡化或弱化的事情[③],环境也是这样的议题。坎贝尔认为,如果国家停止发表相关言论,那么国家就有消亡的危险,这样一来国家会不断重申"存在危险"这一言论,因为对国家存亡的最终威胁是这种言论的消失。[④] 尽管坎贝尔的这一论点有些极端,但

---

① US National Security Strategy from 1998 cited in Geoffrey D. Dabelko, "Tactical Victories and Strategic Losses: The Evolution of Environmental Security", unpublished doctoral thesis, Faculty of the Graduate School of the University of Maryland (2003), p.50.

② Kenneth Thomas, "Official Statement, Department of State/Office of Under Secretary for Global Affairs", *Environmental Change and Security Project Report* (Washington DC: The Woodrow Wilson Center, 1995), p.84.

③ David Campbell, *Writing Security*, second edition (Minneapolis: The University of Minnesota Press, 1998), p.171 (emphasis added).

④ David Campbell, *Writing Security*, second edition (Minneapolis: The University of Minnesota Press, 1998), p.12.

“危险的言论”这一概念是有用的，被稍做改变之后，它便会在本书中扮演一个重要的角色。因此，可以说在没有威胁的时候，并不是国家而是国家安全机构遭受言论危机，因为提供安全是国家安全机构唯一的存在理由。换言之，是国家安全系统而不是国家在积极地追求“危险的言论”。

总之，冷战的结束对环境安全兴起的重要作用体现在以下两个方面：第一，人们认为对于国家来说，环境问题处理不当会带来忧患，这一观点是在冷战结束之前产生的，现在又被重新提起。第二，由于需要新的“危险的言论”来保持国家的完整性，因而安全机构把一些之前被“覆盖”掉的危险言论转为现实的危险言论，环境就是其中的一项。杰弗里・D. 达贝尔科(Geoffrey D. Dabelko)认为，冷战的结束为挑战长期以来对国际关系特别是安全的假设提供了很多机会。[①]

我们不能忽视冷战的结束对美国环境安全兴起的作用，同样也不能忽视环境问题在政治中的地位。由于 1992 年在里约热内卢举行的地球高峰会议(联合国环境与发展会议)恰逢冷战结束不久，因而重大的国际关注点都聚焦于环境问题和全球问题。在 20 世纪 90 年代初期，环境问题已经不像 20 世纪 60 年代那样只是少数人关注的问题，那时候蕾切尔・卡森(Rachel Carson)通过《寂静的春天》一书将环境问题纳入主流话题。而值得注意的是，在 1972 年联合国人类环境会议(斯德哥尔摩)、《世界保护战略》(1980)、《我们共同的未来》(1987)和一系列的环境公约与政策，如《防止倾倒废物及其他物质污染海洋公约》(1972)以及最著名的《蒙特利尔议定书》(1987)中，环境已经被作为一个主要问题来探讨。

第三节　美国环境安全的含义

前面我们已经了解了环境安全的兴起是与冷战结束分不开的，现在让我们来关注安全化进程：研究谁或什么是克林顿政府中环境安全的指涉对象，以及谁或什么是威胁来源。当克林顿在 1993 年 1 月开始执政时，环境安全成为学术文献中的内容已有一段时间。早在 1983 年，理查德・阿尔曼(Richard Ullman)——当时作为普林斯顿大学伍德罗・威尔逊公共与国际事务学院的国际事务教授——提出，环境威胁与传统军事威胁都应该包含

---

① Debelko, *Tactical Victories and Strategic Losses*, p.1.

在国家安全框架内。为了重新定义安全,阿尔曼列出了一系列可能导致国家安全问题的环境问题,并特别着重于描述可能对美国造成的影响。这些环境问题包括地震、争夺土地和资源的争端、人口增长和资源短缺(特别是石油)。为了避免这些安全隐患,阿尔曼认为我们应该重新定义国家安全中的威胁,包括从外部战争到内部叛乱的骚动和分裂,从封锁和联合抵制到原材料短缺以及可怕的自然灾害,比如蔓延的流行病、灾难性的洪水或大面积干旱等。[①] 他把国家安全中的威胁定义为一个行动或一个系列事件:(1) 在相对较短的时间内降低了整个国家的生活质量;(2) 缩窄了国家政府或国内私人、非政府实体进行政策选择的范围。[②]

当论述到冷战期间的安全问题时,阿尔曼意识到在军事威胁主导下,政策制定者很难提倡人们去重视其他威胁,比如环境问题。因此,国家安全的重新定义至少在一开始不可能是一个由上而下的过程,而必须从加强"公众教育"开始,使他们了解不良环境的潜在威胁。[③] 这会使环境问题作为一个安全问题被普遍接受,同时也让政策制定者把环境问题作为安全问题来对待。

早期公开出版的一些关于重新定义国家安全的论文,同时为政策制定者提供了类似"公众教育"的内容。诺曼·迈尔斯(Norman Myers)和杰茜卡·塔奇曼·马修斯(Jessica Tuchman Mathews)的论文,旨在提升人们对环境问题规模和重要性的认识,通过对国家环境以及对未来的无限期望的详细描述,这些学者让公众认识到环境问题的紧迫性和需要采取行动的必要性。[④] 尽管他们只是宽泛地提出环境安全,但事实上由于他们关注个体福利,这使得他们可以简洁地从人类安全的角度找到研究环境安全的方法(见第六章),这也说明他们提倡的是一种以国家为中心的相对狭窄的环境安全。举例来说,迈尔斯认为国家安全不再只是与战斗力量和武器有关,它与流域、耕地、森林、基因资源、气候以及不太被军事专家和政治领袖关注的其他方面都越来越相关,这些综合起来的方面与作为国家安全的军事实力都需要得到同等关注。[⑤] 这些学者尽管对研究人类安全感兴趣,但仍然重点关

---

①② Richard Ullman, "Redefining Security", *International Security* 8 (1983), p.133.

③ Richard Ullman, "Redefining Security", *International Security* 8 (1983), pp.152 - 153.

④ 参阅 Norman Myers, *Ultimate Security: The Environmental Basis of Political Stability* (New York: Norton, 1993); Norman Myers and Julian Simon, *Scarcity or Abundance? A Debate about the Environment* (London: W. W. Norton & Company, 1994); Norman Myers, "Environment and Security", *Foreign Policy* 74 (1989), pp.23 - 41; Norman Myers, "The Environmental Dimension to Security Issues", *The Environmentalist* 6 (1986), pp.251 - 257; Jessica Tuchman Mathews, "Redefining Security", *Foreign Affairs* 68 (1989), pp.162 - 177.

⑤ Myers, *Ultimate Security*, p.21.

注国家安全，因为他们意识到，如果继续以传统的国家中心论来解读安全化问题，那么他们的意见就会更有可能受到重视。[①] 当他们的论文被政策制定者用于解释自身所做的事情和提升国际环境形象的依据时，这一点就愈发鲜明，也由此产生了美国的环境安全政策。[②] 马修斯等学者论文中的观点在早年克林顿政府的演讲中就清晰可见。以下段落来自克林顿总统的就职演说，他在1993年的世界地球日演讲以及同年联合国大会上的演说中都强调了这一点：

> 美国理应做得更好，如今在这里，有很多人想做得更好。我想对所有人说，让我们下决心来进行政治改革，使权力和特权不再压制人。当我们把个人利益放一边，我们才能感受到痛苦并看到美国的承诺。要重塑美国，我们必须面对国内外的挑战。国外与国内已经不再有区分，世界经济、世界环境、世界艾滋病危机、世界军备竞赛影响着我们每个人。[③]
>
> 除非我们行动起来，现在就行动起来，否则我们要面对的将是在我们有生之年就会拥有90亿人家园的星球，但是地球的承载力在急剧下降。除非我们现在就行动起来，否则将来太阳可能会烤焦我们而不是温暖我们，季节的更替可能会有一个可怕的新含义，我们的子孙后代生活的环境将远远不如我们现在的宜人。[④]
>
> 在有效的国防措施和强大的经济支持下，我们的国家会准备好接受挑战，因为挑战是无处不在的——种族冲突、大规模杀伤性武器的扩散、全球民主革命以及对全球环境的挑战。[⑤]

在克林顿和白宫官员演讲之后，这些观点得到了进一步的发展，于是环境安全出现在1994年和1995年以"接触和扩展"为主题的《国家安全战略报告》中，现将部分内容摘取如下：

---

① Dabelko, *Tactical Victories and Strategic Losses*, pp.4, 45. See also S. Neil MacFarlane and Yuen Foong Kong, *Human Security and the UN: A Critical History* (Indianapolis: Indiana University Press, 2006), p.233.

② Geoffrey D. Dabelko and P. J. Simmons, "Environment and Security: Core Ideas and US Government Initiatives", *SAIS Review* 17 (1997), p.132.

③ President William J. Clinton, "Inaugural Address", 20 January 1993.

④ "President Clinton's Remarks on Earth Day 1993", *Environmental Change and Security Project Report* (Washington DC: The Woodrow Wilson Center, 1995), p.50.

⑤ President William J. Clinton, "State of the Union", 17 February 1993.

> 保护国家安全、我们的人民、我们的领土和我们的生活方式，是我们政府最重要的使命和不可推卸的责任。冷战的结束从根本上改变了美国的安全规则。如今我们面临的危险更为复杂且多样。人口的快速增长引发了大规模的环境恶化，危及和削弱了许多国家与地区的政治稳定。不论何时，我们对这些问题的回应都是本着服务我们长期的国家利益而做出的选择，国防和经济福祉为首要，其次还包括环境安全。环境安全问题足够严重到危及国际稳定的地步，该问题涉及大量的人为灾害或自然灾害，如切尔诺贝利事件或东非干旱、工业污染、森林砍伐、生物多样性减少、臭氧耗竭、荒漠化、海洋污染和气候变化造成的生态系统破坏。人口快速增长和工业化国家不可持续的消费模式，是导致现在和将来可能更严重的环境恶化及资源掠夺问题的根源。①

尽管这些论述看上去很极端，但对我们的目标来说却是很有必要的，因为它们反映了克林顿政府在环境安全方面对谁是被威胁的对象，谁又要对这一威胁负责任的认定。克林顿政府认为正是美国人民在遭受威胁，而任何形式的环境恶化（包括全球、区域和国内问题）被视为这一威胁的根源。美国政府将环境与安全联系起来，向美国公民承诺保护他们免受与环境变化有关的威胁。

1994 年，随着所谓的环境稀缺性理论进入政策制定领域，克林顿政府的环境安全言论也获得了另一个论述维度。一般而言，环境稀缺性理论会关注与环境稀缺和暴力争端相联系的国家安全威胁。② 在 1994 年 2 月出版

---

① "1994 and 1995 US National Security Strategy of Engagement and Enlargement", extracts reproduced in the *Environmental Change and Security Project Report* (Washington DC: The Woodrow Wilson Center, 1995), pp.47ff.

② 参阅 Thomas F. Homer-Dixon and Val Percival, "The Case of South Africa", in Paul F. Diehl and Nils Petter Gleditsch (eds.), *Environmental Conflict* (Oxford: Westview Press, 2001), pp. 13 – 35; Thomas F. Homer-Dixon, *Environment, Scarcity, and Violence* (Princeton: Princeton University Press, 1999); Thomas F. Homer-Dixon, "Environmental Scarcities and Violent Conflict: Evidence from Cases", *International Security* 19 (1994), pp. 5 – 40; Thomas F. Homer-Dixon, "On the Threshold: Environmental Changes as Causes of Acute Conflict", *International Security* 16 (1991), pp. 76 – 116; Günther Baechler, "Why Environmental Transformation Causes Violence: A Synthesis", *Environmental Change and Security Project Report* (Washington DC: The Woodrow Wilson Center, 1998), pp. 24 – 44; Günther Baechler, *Violence through Environmental Discrimination: Causes, Rwanda Arena, and Conflict Model* (Dordrecht: Kluwer Academic Publishers, 1999).环境稀缺性理论不是独有的环境争端理论，还有一个所谓的蜜罐理论，该理论指出，不是资源稀缺而是对有价值的自然资源（矿物、宝石和石油）的滥用引起了争端，是人们的贪婪而非不平等引起了暴力。Indra De Soysa, "The Resource （转下页）

的《大西洋月刊》中有著名记者罗伯特·D.卡普兰(Robert D. Kaplan)的文章《即将到来的无政府状态》[1],该文章第一次引起政策制定者的高度关注。卡普兰在文章中将环境问题描述为"敌对强国",只有把环境问题作为安全问题才能使其得到控制。卡普兰这样说道:

现在是时候去了解"环境"是什么了,它是21世纪初的国家安全议题。在政治和战略的影响下,出现了人口激增、疾病扩散、森林砍伐和水土流失、水资源短缺、空气污染、海平面水平线升高、区域性拥堵等问题,这些对环境的影响都会成为外交政策的核心挑战,会引起公众的注意。[2]

克林顿总统仔细研究了这篇文章[3],该文章还引起了副总统阿尔伯特·戈尔和副国务卿蒂莫西·E.沃思(Timothy E. Wirth)的注意。沃思将这篇文章分发给了驻世界各地的美国大使。《大西洋月刊》1994年2月刊由此成为最畅销的一期杂志。由于克林顿政府关注卡普兰的文章,特别是副总统对环境稀缺性理论的研究很感兴趣,于是他们邀请了这方面的领袖型学者——加拿大的政治科学家托马斯·霍默-狄克逊(Thomas Homer-Dixon)在1994年的春天来到华盛顿特区。选择托马斯·霍默-狄克逊并不是偶然的,卡普兰在论述环境问题时引用了霍默-狄克逊的作品并在他的理论框架中加入了自己的发现。一位记者说,霍默-狄克逊是这样被引起注意的:

1993年,霍默-狄克逊作为联名作者在《科学美国人》杂志上发表了一篇论题相同但更容易理解的文章《环境改变和暴力争端》(与1991年的

(接上页)Curse: Are Civil Wars Driven by Rapacity or Paucity?" in Mats Berdal and David Malone (eds.), *Greed and Grievance: Economic Agendas in Civil War* (Boulder: Lynne Rienner, 2000), pp.113－135; Michael T. Klare, *Resource Wars: The New Landscape of Global Conflict* (New York: Henry Holt and Company, 2001); Paul Collier and Anke Hoeffler, "Greed and Grievance in Civil War", working paper (Oxford: Centre for the Study of African Economies, 2002).

① 这不是罗伯特·D.卡普兰的文章唯一一次引起政策制定者的注意。他于1994年发表的《巴尔干幽灵》被里查德·霍尔布鲁克(Richard Holbrooke)注意到,并在20世纪90年代中期说服政府不要在军事上干预波斯尼亚方面发挥了关键作用。政府似乎被卡普兰基于"古老的仇恨"对冲突的叙述所吸引,因此无法从"外部"解决冲突。Stuart Croft, *Culture, Crisis and America's War on Terror* (Cambridge University Press, 2006), pp.56－57.

② Robert D. Kaplan, "The Coming Anarchy", in Gearóid Ó Tuathail, Simon Dalby and Paul Routledge (eds.), *The Geopolitics Reader* (London: Routledge, 1998), p.190.

③ 2005年9月14日,作者于得克萨斯州的阿灵顿采访了美国前中央情报局局长詹姆斯·伍尔西(James Woolsey)。

《在门槛上：国际安全中环境改变作为尖锐争端的起因》相比更好理解)。之后该文章成为《纽约时报》的封面、封底文章，并被重印登在了《国际先驱论坛报》上。人们阅读了他发表在《国际安全》期刊上的关于"空军一号"的原作，这件事慢慢传开了。这篇文章的复本在国家安全委员会、五角大楼、国务院和中央情报局之间被传阅，于是阿尔伯特·戈尔拿起了电话。[①]

霍默-狄克逊在1994年2月之前就与华盛顿的政策制定者有过联络，例如，1992年他在P.J.西蒙斯主办的国家安全会议上对自己的观点做过概要介绍，P.J.西蒙斯后来在华盛顿特区的伍德罗·威尔逊国际学者中心指导了环境变化和安全项目，霍默-狄克逊并不是在罗伯特·D.卡普兰的论文《即将到来的无政府状态》出版之后，才和副总统的工作人员取得联系的。[②]1994年，霍默-狄克逊与副总统会面两次，一次是在4月底，另一次是在8月。第一次会面是在阿尔伯特·戈尔华盛顿住所的一次内部晚宴上。出席这次会议的大约有10个人，其中有阿尔伯特·戈尔的太太蒂珀·戈尔、阿尔伯特·戈尔的身边助理、国家安全顾问莱昂·富尔思(Leon Fuerth)、负责全球事务的副国务卿蒂莫西·E.沃思、负责环境安全的国防部副部长谢丽·W.古德曼(Sherri W. Goodman)和美国国际开发署(United States Agency for International Development, USAID)署长布莱恩·J.阿特伍德等。随后，在当年8月又举行了一次会议。霍默-狄克逊与他的同事杰克·戈德斯通和瓦茨拉夫·斯米尔简单地向30～40名与会人员介绍了关于环境问题的研究情况，其中有环境保护协会理事长卡罗尔·布劳纳、负责国际事务的财政部副部长拉里·萨默斯和中央情报局局长詹姆斯·伍尔西等。

1996年，霍默-狄克逊和他的同事撰写了在华盛顿特区影响范围最广的简报，他们分发了特别编辑的《环境稀缺与暴力争端——简报手册》，在6页纸内简明概括了到那时为止所谓的多伦多团队所做的工作。之后，霍默-狄克逊在1999年出版的《环境、稀缺性和暴力》中总结了团队的主要观点，即环境稀缺会引发文明社会的暴力，包括暴动和民族冲突[③]，并预计在1996年之后的20年里，暴力的发生率很可能会继续上升，因为发展中国家耕地、

① Mark Kingwell, "Meet Tad the Doom-meister", *Saturday Night* (September 1995), p.44. 当然，阿尔伯特·戈尔没有亲自接电话，但他的秘书接了。从和阿尔伯特·戈尔的国家安全顾问——莱昂·富尔思的对话中，我知道戈尔对霍默-狄克逊的观点十分感兴趣，而富尔思则对整个过程更有兴趣。

② 这里和以下没有注明引用来源的信息来自作者和霍默-狄克逊于2005年6月20日的电话采访。

③④ Homer-Dixon, *Environment, Scarcity, and Violence*, p.177.

饮用水、森林的稀缺等问题日益加重[4]。

在霍默-狄克逊的模型中，环境稀缺之所以会对社会造成不利的影响，是因为不同变量的相互作用而非环境本身导致了争端。霍默-狄克逊说，环境稀缺在暴力中的作用通常是隐蔽的和间接的，它与政治、经济和其他方面的相互作用导致恶劣的社会影响，反过来又促成了暴力的产生。[1] 霍默-狄克逊定义了三种类型的环境稀缺：

> 供给引导型环境稀缺是由于环境资源的恶化和耗尽，如耕地流失；需求引导型环境稀缺是因为区域内的人口增加或人均资源消耗增加，两者都提升了对资源的需求；结构型环境稀缺是由于资源分配的不平衡，只有极少部分人能取得资源，而剩下的大部分人无法获取资源。[2]

根据环境资源稀缺是美国州内争端的主要原因这一解释，霍默-狄克逊认为，要优先根据环境需求来保护现有国际系统的秩序不受暴力争端影响。尽管霍默-狄克逊首先注重直接受到环境威胁的发展中国家，但是环境威胁也有波及发达国家的可能性。

> 因环境稀缺而引起的争端，尽管不像国家战争这么引人注目，但也会对国际社会产生间接的影响。国际系统本质的改变——经济之间的高度依赖、长距离旅行变得简单和强大的武器更易获得——使政策制定者可以从过去没有那么重要的地区中受益。小国家(如海地)的灾难使发达国家制定外交政策变得困难，而大国也会因环境稀缺而受到严重的影响。[3]

因为存在这些危险，所以国家首先应该提倡一种战略去消除霍默-狄克

---

① Homer-Dixon, *Environment, Scarcity, and Violence*, p.177.在环境安全学术界，霍默-狄克逊的文章引起了争论，其中一个特殊的争论点是多伦多小组的案例。批评者认为，几乎所有小组的案例研究都是从存在环境稀缺和暴力争端的特定国家中选择的，而多伦多小组只提供了一些传闻，很少有新颖的价值[Marc A. Levy, “Is the Environment a National Security Issue?” *International Security* 20 (1995), pp.35 - 62]。霍默-狄克逊认为，案例研究的并不是环境稀缺和暴力争端的共存关系，而是这两种现象间的因果关系[Thomas Homer-Dixon, “Debate between Thomas Homer-Dixon and Marc A. Levy”, *Environment Change and Security Project Report* (Washington DC: The Woodrow Wilson Center, 1996), pp.49 - 60]。很多批判学者仍然不满意霍默-狄克逊的研究，因为他的实证主义论并不能回答这个问题：是什么促使人们诉诸暴力? Jon Barnett, *The Meaning of Environmental Security: Ecological Politics and Policy in the New Security Era* (London: Zed Books, 2001), p.64.

② Homer-Dixon et al., “The Case of South Africa”, p.14.

③ Homer-Dixon, *Environment, Scarcity, and Violence*, p.180.

逊所称的“独创性缺口”，即现代生活节奏带来的对独创性的需求以及实现这些发展需求的能力之间的缺口。[①] 此外，国家也应该支持未雨绸缪地解决环境压力的影响问题，传播自由民主和扩大贸易是其中的一个办法。[②] 以多伊尔(Doyle)民主和平论为前提，霍默-狄克逊提出，通过经济上的相互依赖而加强的民主不会导致战争，即使在环境稀缺的情况下也是如此。

毫无疑问，当时华盛顿的政府官员对环境稀缺会导致暴力争端的观点很感兴趣，而且关于环境稀缺性理论的措辞也已经被不同的政策制定者所引用。以下摘取了负责环境安全的国防部副部长谢丽·W.古德曼、美国国务卿沃伦·克里斯托弗(Warren Christopher)和克林顿总统的讲话内容，这些都更加明确地证明了这一点。

> 环境恶化和稀缺引起的不稳定与争端是学术界主要的争论点。水、森林、耕地和鱼类等可再生资源的不足是由资源的恶化、过度使用和耗竭以及分配的不公平所引起的。环境稀缺与政治、经济、社会和文化各方面相互影响，继而导致不稳定和争端。由环境稀缺引发的各种影响，包括大规模人口迁移、经济衰退以及社会精英占据环境资源等，这些会减弱政府回应公众需求的能力。如果国家遏制强权的能力以及合法性被逐渐削弱，那么就会引发不稳定和暴力争端。[③]
>
> 克林顿总统和我坚定地相信，保护我们的环境是美国的国家核心利益。不管是在圣弗朗西斯科还是在圣萨尔瓦多，污染都会对人类健康以及经济发展的前景造成巨大的损害。破坏环境会减少资源，加大需求的竞争，从而加剧国家之间的争端。环境损害会危害农业和渔业、森林和制造业，从而削弱全球经济的增长动力。[④]
>
> 如果关注全球长期趋势的话，你就会阅读几个月前罗伯特·D.卡普兰在《大西洋月刊》发表的文章。有些人说这篇文章太阴暗，如果你继续看下去，你就会看到文章中所描述的数百万人生活在一个富饶的世界里，他们只关注夜间的肥皂剧，而其他人则像是生活在梅尔·吉布森(Mel Gibson)的电影《公路勇士》里一样。我被文中的内容深深吸

① Thomas Homer-Dixon, *The Ingenuity Gap* (New York and Toronto: Alfred A. Konpf, 2000).

② Homer-Dixon, “On the Threshold”, p.115.

③ Sherri W. Goodman, “The Environment and National Security”, Speech at the National Defense University, 8 August 1996.

④ Warren Christopher, “Address to the World Business Council in San Salvador, El Salvador” (Washington DC: US Department of State Dispatch, 27 February 1996).

引，也被霍默-狄克逊教授相同主题中的学术对策所吸引。[1]

在美国环境安全方面，我们需要注意的是，环境稀缺这一主题更为第三个环境安全政策——使用情报机构的能力来监督环境——开辟了道路。尽管这一主张得到环境稀缺性理论的支持，但这一想法要追溯到参议员阿尔伯特·戈尔在军队中的日子。那时，阿尔伯特·戈尔作为一个哈佛大学的年轻学生，在科学和全球气候变暖方面注重积累经验[2]，并对环境议题很感兴趣，之后在国会环境事务中建立起了自己的权威。1988 年，阿尔伯特·戈尔在首次北极旅行中体会到了运用情报能力来监控环境的有效性，他注意到研究冰的学者和美国海军在测量冰盖厚度中的合作。[3] 运用冷战时期的情报能力来解决后冷战时期的世界问题，如环境恶化等，这个想法在民主党的军事委员会中受到重视，因为它确保了持续的资金支持。[4] 阿尔伯特·戈尔和参议员(都来自军事委员会) 萨姆·纳恩、杰夫·宾格曼、蒂莫西·E.沃思和詹姆斯·埃克森对此发展起着至关重要的作用。1990 年 6 月 28 日，环境战略研究和发展项目(Strategic Environmental Research and Development Program, SERDP)得到白宫的批准，白宫同意运用情报能力来监控环境问题。在上述参议院的听证会上，阿尔伯特·戈尔这样描述环境战略研究和发展项目的长处与功能：

> 第一，该项目认识到环境产生的政治、经济和安全影响，这些影响对国防部的关注点和工作任务来说都是有意义的。
>
> 第二，该项目认识到国防部的行动和能源部(Department of Energy, DOE)防卫部门的一些活动与环境问题是密切相关的，如数据采集、数据分析、能源和环境补救。
>
> 第三，该项目认识到国家管理这些活动的价值是把公共环境的利益放到优先位置；反之，则是运用最好的公共环境技术去服务于军事。
>
> 第四，该项目认识到特定的、有时候很严重的环境问题是由国防部

① Bill Clinton, "President Clinton's Remarks to the National Academy of Sciences", *The Environmental Change and Security Project Report* (Washington DC: The Woodrow Wilson Center, 1995), p.51.

② 这一经验在阿尔伯特·戈尔 1992 年的《濒临失衡的地球》一书中被描述过，对阿尔伯特·戈尔的环境贡献有重要意义。我是在 2005 年 9 月 12 日对阿尔伯特·戈尔的国家安全顾问莱昂·富尔思的采访中确认这一点的。这一经验在阿尔伯特·戈尔 2006 年的电影《难以忽视的真相》中被再次提及。

③ Albert Gore, *Earth in the Balance* (London: Earthscan Publications, 1992), p.22.

④ Dabelko, "Tactical Victories and Strategic Losses", pp.41 - 42.

引起的，需要尽快补救。

第五，该项目认识到需要在长期的可持续的基础上寻求解决环境问题的办法，并需筹措相应的资金。①

1990年11月5日，通过公法101－510(《美国法典》第10卷第2901—2904条)以及运用情报能力收集环境数据，环境战略研究和发展项目得以确立，而运用情报能力收集环境数据随后在1994年和1995年的《国家安全战略报告》中获得合法性确认。

上述第四点显示，利用情报能力去研究环境问题不是唯一一个由军事委员会尤其是阿尔伯特·戈尔决定实行的环境安全政策。由此，军事委员会认为国防部应该改变迄今为止负面的环境记录形象转而成为一个好的环境守卫者。这不是一个完全新奇的想法，比如基地清理项目可追溯到1984年，阿拉斯加州参议员特德·史蒂文斯(Ted Stevens)作为拨款委员会主席之所以创建了这一项目，是因为他想要移除和清理在州内遗留的许多二战废墟。② 当这一项目投入执行之后，很多参议员也想筹集资金以在自己的州内开展同样的清理活动。军事环境理事会的源头可以追溯到20世纪60年代，那时候，电视和印刷品将越南战争中很多有视觉冲击的影像、照片传递给美国及世界各地的观众，他们无法想象出因环境战争所造成的恐怖画面。③ 环境战争，也叫作环境操纵，指有计划地破坏环境的过程——通过除草剂、化学炸弹、冲击炸弹、森林大火，以及蓄意地使耕地或淡水水库盐碱化(如破坏大坝等)——是军事战略的重要组成部分。④ 环境战争导致的环境破坏令

① Congressional Record Senate hearing, Legislative day Monday 11 June 1990 (Washington DC: Senate Records), p.5.

② 但人们不应该错误地认为史蒂文斯是一个伟大的环保主义者，毕竟他支持开采阿拉斯加州(David Firestone, "Drilling in Alaska, a Priority for Bush Fails in the Senate", *New York Times*, 20 March 2003)。

③ 9岁的潘金福(Kim Phúc)于1972年6月8日在越南展鹏县附近遭遇汽油弹袭击后赤裸地逃跑，这是最能突出越南战争期间化学战争恐怖的画面之一。近年来，将威胁性的照片融入安全研究的做法越来越多。

④ 关于军队对环境的影响，参阅 Susan D. Lanier-Graham, *The Ecology of War: Environmental Impacts of Weaponry and Warfare* (New York: Walker and Company, 1993); Arthur H. Westing, "Environmental Warfare: Manipulating the Environment for Hostile Purposes", *Environmental Change and Security Project* (Washington DC: The Woodrow Wilson Center, 1997), pp.145ff.; Arthur H. Westing (ed.), *Herbicides in War: The Long-term Ecological and Human Consequences* (London: Taylor and Francis, 1984); Arthur H. Westing, *Warfare in a Fragile Environment: Military Impact on the Human Environment* (London: Taylor and Francis, 1980); Gwyn Prins and Robbie Stamp, *Top Guns and Toxic Whales: The Environment and Global Security* (London: Earthscan Publications, 1991).

人厌恶，但是，战争中的破坏是必然的。换句话说，因为战争可能是为了保护国家，所以在战争过程中出现的环境破坏是可以被允许的。然而这个观点是否会延伸到环境战争则是存在争议的，在军事演习和备战期间的环境破坏也是如此。

美国军方在冷战时期对环境破坏所做的分析，描述了无限制地破坏环境的可怕故事，为了在超级大国之间保持核力量的平衡而进行的弹药测试、战略破坏等，对军事基地及其周围区域、地下水以及河流造成了有毒污染。这种环境破坏在美国军事中没有被限制，说明其环境保护意识根本不存在。到冷战结束以后，对自然环境的漠视使掌控着美国约 10 万平方千米土地的国防部留下了许多废墟，而这需要花费数十亿美元和几十年的时间来清理干净。美国科罗拉多州的落基山脉军事基地，被称为地球上最毒的土地，它的土地和地下水中含有杀虫剂、芥子气、神经毒剂、重金属和燃烧弹。[①]根据军队官员所说，清理这块地区的花费估计要高达 100 亿～200 亿美元。[②]

公正地说，在冷战结束之前，军事环境问题在大多数人看来只是一个不起眼的议题，被视为战争带来的一个必然的恶果。随着冷战的结束，公众对军事行动引起的环境破坏的认识达到了前所未有的高度，有害的国防活动引起了国内公众的谴责。[③] 公众公开抗议能源部关于核能安全的议题，就像直接反对国防设施计划一样。20 世纪 80 年代后期，几乎所有的核设施都无法达到环境标准，这引起了由《纽约时报》记者马修·L. 沃尔德（Matthew L. Wald）带头的持续三个月的公开反对活动。由于这些事态的发展，布什政府被迫改变了对军事环境理事会的态度，同时国防部部长切尼（Cheney）接受了这一新的观念。身为作家兼记者的赛思·舒尔曼（Seth Shulman）描述了当时的普遍状态：

> 切尼的决定是在多方的鼓励下做出的，他在世界地球日 20 周年前夕曾发表讲话，并反驳了将环境议题作为国家关注的议程只是一时的狂热这一观点。同年，切尼和他的工作人员已经看到了新闻报道——那些资深报纸媒体不断揭露关于核生产设施的糟糕状态，政府的核生

①② Center for Defense Information Washington DC, "The Military and the Environment", *The Defense Monitor* 23(9) (1994), p.4.

③ Odelia Funke "Environmental Dimensions of National Security", in Jyrki Käkönen (ed.), *Green Security or Militarized Environment* (Aldershot: Dartmouth, 1994), pp.65ff.

产设施由此引发了公众对政府的强烈抗议，最终导致了能源部的核生产全部停止。一些官员害怕国防部也会遭遇相同程度的事件。[①]

在1989年一次匆匆举行的会议上，切尼说："联邦政府希望美国能成为环境问题的世界领导者，我希望国防部能够成为联邦政府环保部门的领导者。"[②]

由于公众抗议以及核武器问题，国会成员特别是参议院的政府事务和军事委员会，对能源部以及军事部门加强了关注。阿尔伯特·戈尔和参议院军事委员会前主席萨姆·纳恩成为在军事环境安全工作背后的驱动力量。他们提出，国防部对环境处理不当会导致环境安全威胁，这不仅会影响人类健康和军事基地的安全，而且也会损害国防部为《国家安全战略报告》做准备或执行《国家安全战略报告》的能力，或造成威胁美国国家安全的不稳定性因素。基于这一新的认识，国会给军事基地的环境清理分配了更多的资源，并于1992年通过了《联邦设施合规法案》(*Federal Faculties Compliance Act*, FFCA)。虽然这一法案仅仅是不断增加的环境法规清单中的一项，但是却极为重要。[③] 这一法案可以作为对忽视环境或者不遵守现有环境法律的军事指挥官进行罚款甚至监禁的依据。《联邦设施合规法案》为旧法律注入了新的活力，使合规成为必要。

第四节 小 结

本章分析了美国环境安全的兴起和安全化进程的本质。以美国的环境安全为例，首先分析了安全化主体对环境安全构建的认识，随后说明由国家安全系统正式发布的《国家安全战略报告》被当作最重要的对外公开文件，这也是安全化进程的开端。文中进一步指出，尽管国家安全的代理人受到一系列组织结构的限制，但他们可以创造自我存在的需求(如认定某一安全

① Seth Shulman, *The Threat at Home: Confronting the Toxic Legacy of the US Military* (Boston: Beacon Press, 1992), p.117 (emphasis added).

② Cheney quoted Seth Shulman, *The Threat at Home: Confronting the Toxic Legacy of the US Military* (Boston: Beacon Press, 1992), p.116.

③ 1970年以后，美国政府通过了很多适用于国防部的环境法案，有《美国职业安全与健康法案》(1970)、《清洁空气法案》(1970)、《濒危物种法案》(1970)、《资源保护与回收法案》(1970)、《洁净水法案》(1977)、《综合性环境反应、赔偿与责任法案》(1980)、《污染防治法案》(1990)。

威胁,然后作为安全提供者去提供解决方案)来引导组织结构方向。通过初步的研究,这些分析可以用来解释美国环境安全的兴起。我们无法忽略冷战的结束以及环境问题在当时的社会地位等因素来理解这一问题,当然冷战结束这一因素更加重要,因为这一因素不仅为那些在环境安全议题中获得长期利益的人提供一个机会,而且冷战结束本身也说明国家安全机构在预算减少时试图寻找新任务以证明它们持续存在的价值,环境安全正是其中的一个任务。

克林顿政府在《国家安全战略报告》的分析以及早期的演说中提出,环境安全的指涉对象是美国人民,他们要面对环境恶化的威胁,包括全球环境变化(气候变化和臭氧耗竭)、区域环境问题(边界污染)和国内环境问题。这里必须指出的是,在接下来的几年中,克林顿政府并没有改变这一安全等式(指涉对象和威胁本质)。例如,1999 年第二届克林顿政府在《国家安全战略报告》的摘要中这样说道:"气候变化、臭氧耗竭、动植物种类减少、过度捕捞鱼类、森林和其他自然资源枯竭、危险化学废弃物跨境移动等环境威胁,直接影响着美国人民的身体健康和经济的发展。"[①]

本章还表明,尽管环境安全这一词语包括很多含义,但是国会的政策制定者们缩小了它的定义。军事部门可以改变自己的形象,即从主要的环境破坏者变成环境的守卫者,通过清理被严重污染的基地来确保军事备战,这是其中的政策之一。安全等式中的国防环境安全与在安全化行动中所展示的是不同的,因此受环境恶化威胁的不是美国人民,而是国防部掌控国家安全的能力。虽然国防环境安全受到军事委员会中民主党人特别是副总统阿尔伯特·戈尔的认可,但是国防环境安全并未成为克林顿政府《国家安全战略报告》中的一部分。

除了承担战争清理任务外,军方还参与了环境安全,因为有人建议,可以使用冷战时期的情报机构和设备来监控环境恶化。这得到了环境稀缺性理论的支持,该理论认为环境稀缺及其带来的社会影响可能会导致暴力争端。与国防环境安全不同,环境诱导型的暴力争端和"环境安全情报"都被纳入支持最初的安全化行动的《国家安全战略报告》。

① "A National Security Strategy for a New Century", December 1999, p.13 (emphasis added).

第四章　克林顿政府及环境安全

本章讨论的重点从关于环境安全的言辞争辩转向了以环境安全的名义，或者说在安全实践方面美国政府做了什么努力。本章主要着眼于研究两个问题：第一，克林顿政府主导下的美国环境安全是一种安全化还是政治化？如果是安全化，那么，第二，他们为什么要进行安全化？鉴于这些问题，本章分析了将环境安全纳入《国家安全战略报告》之后的所有决策方案和倡议的性质，或者说是继1993年1月第一届克林顿政府上台后，在所有相关政府机构内的决策方案和倡议的性质。这些相关的政府机构是：国防部（DOD）、能源部（DOE）、环境保护署（Environmental Protection Agency，EPA）、中央情报局（CIA）、国务院（DOS）、美国国际开发署（USAID）。美国国防部在环境安全方面做出了诸多努力并且特别设立了国防部副部长帮办环境安全办公室（Office of the Deputy Under Secretary of Defense，Environmental Security，ODUSD－ES）。尽管建立了环境安全办公室，但是该办公室运行的大多数计划并不是根据环境安全任务新设计的，这些计划在环境安全成为一个议程之前就已经存在，甚至已经在联邦环境法律中有了规定。换句话说，国防部已经合法地要求执行一些以"环境安全"为标签组合在一起的方案，仅从这点很难清楚地表明美国环境安全与以前发生的情况是否有所不同，即我们很难据此判断，克林顿政府时期的美国环境安全是不是一种安全化。

第一节　美国国内环境保护计划和举措

一、国防部

为了了解设立环境安全办公室的情况，我们必须考虑它设立的历史背景。1993年，美国国防部部长莱斯·阿斯平(Les Aspin)就职时，国防部的运作结构与冷战时期相同。莱斯·阿斯平和他的工作人员调整了部门的组织结构，以保证国防部可以在冷战结束后实施新的任务。他们重组了四个副部长办公室，其中一个是负责采办和技术的国防部副部长办公室，当时由约翰·多伊奇(John Deutch)领导。莱斯·阿斯平又分管一名助理秘书和办公室主任，以及国防部副部长帮办环境安全办公室等。根据国防部部长莱斯·阿斯平和国防部副部长威廉·J. 佩里(William J. Perry)的顾问拉里·K. 史密斯(Larry K. Smith)的说法，设立这样一个办公室是必要的，可以巩固在过去几年已经出现和正在进展中的一些重要的环境倡议。设立环境安全办公室，可以把这些重要的相关计划作为一个整体，以此形成强有力的集中领导，投入与计划相匹配的人力资源，并把整个计划直接交由一个最强大的部门来负责。史密斯进一步指出，环境安全办公室有必要为各种现有和不断增长的环境计划保持政策的一致性，这些政策已经为环保项目提供了数十亿美元的资金，但还处在纸上谈兵的阶段，尚未取得实质性进展。[①]所以，史密斯认为，环境安全办公室所做的环境安全计划并不是为了反映环境安全的抽象定义，相反，它实用性地反映了“时代精神”这一术语，该术语抓住了现有重要计划的实质性共同点。

谢丽·W. 古德曼曾在参议院军事委员会负责环境安全工作，环境安全办公室成立以后，她被任命为国防部副部长，负责环境安全，前国防部副部长的助理加里·D. 维斯特(Gary D. Vest)被任命为她的副手。环境安全办公室位于弗吉尼亚州的五角大楼。以下文字指出了该办公室在早期的管理工作中是如何确定其目标的：

> 国防部环境安全战略将侧重于清理、合规性、污染防治和环境保护。国防部将提供清晰明确的政策指导，设计一种切实可行的方案来划分优先级、提供资金和跟踪预算要求，优先针对影响较广的严重问题确定研究资金以开发创新技术，并增加我们与其他联邦机构、地方和国家监管机构、当地社区以及外国政府的联系、合作。国际环境活动将成为这项工作的一部分。[②]

---

① 2005年10月21日，作者电话采访了美国前国防部部长莱斯·阿斯平和前国防部副部长佩里的顾问拉里·K. 史密斯。

② Department of Defense Strategy for Environmental Security (1993) unpublished mission statement, courtesy of Deputy Under Secretary of Defense for Environmental Security (1993–2000) Sherri W. Goodman.

环境安全威胁的定义如下：

环境安全威胁会影响人类的健康和安全，会损害国防部准备或实施《国家安全战略报告》的能力，或造成美国国家安全的不稳定性。它有三种类型：第一种是全球类型，即气候变暖、臭氧耗竭、生物多样性丧失、大规模杀伤性武器扩散以及国际范围对化学品管制的解除；第二种是区域类型，即有关环境的恐怖主义、事故或灾难，由于缺乏或争夺资源而造成的区域冲突，跨境或全球生态系统污染；第三种是国家类型，即国防部针对公共卫生和环境的风险而采取的措施，增加对军事行动的限制，国防部低效的资源使用，武器系统执行力的下降，核、化学和常规弹药管制的解除，公众信任的侵蚀。

虽然环境安全办公室早在 1993 年春天就已经成立，但是直到 1996 年春天，该办公室才最终在官方指令（国防部第 4715.1 号指令）中总结了其环境安全目标和计划。这项环境保护指令总共列出了八个环境问题领域：军事基地清理，遵守联邦政府、州政府和国际上的一些环境法规，污染防治，保护，规划，技术，国际军事合作，教育培训。[①] 在这八个问题领域中，军事基地清理是最容易筹资的，每年在总体环境安全预算的 50 亿美元中约有 20 亿美元被用于这个方面。所谓的"国防环境修复计划"（Defense Environmental Restoration Program，DERP）的重点就是清理军事活动设施，也就是清理所谓的原先使用的防御基地以及正在进行基地重组和关闭的设施。当时污染场地数量庞大，到 1993 年年底，国防部在全国各地现役的和以前使用的军事基地中确定了大约 2.1 万个污染场地。[②]

总体环境安全预算的剩余部分被用于环境质量计划，其中包括剩余的问题领域，但主要是资助环境合规、污染防治和环境保护。详见表 4.1。

如前所述，由环境安全办公室资助的大多数计划不是新计划。被克林顿政府称为"国防环境修复计划"的军事基地清理计划是在 1975 年制定的，但是后来被纳入"设施修复计划"（Installation Restoration Program，IRP）。此外，自 1980 年以来，国防部被法定性地要求提供在过去活动中受到污染的设施的清单。这一要求在《综合性环境反应、赔偿与责任法案》（CERCLA）中有规定。[③]《综合性环境反应、赔偿与责任法案》通常与第二部法律《资源保

---

① Department of Defense Directive DOD 4715.1 Environmental security, 24 February 1996.

② Stephen Dycus, *National Defense and the Environment* (Hanover: University Press of New England, 1996), p.95.

③ CERCLA was amended by the *Superfund Amendments and Reauthorization Act* (SARA) on 17 October 1986.

护与回收法案》结合使用,《资源保护与回收法案》要求国防部采取纠正措施来清理和控制已经释放到环境中的有害物。[①] 自1992年通过《联邦设施合规法案》以来,环境保护署单独地与州的污染控制机构一起执行这些法律,国防部及其所属部门因为没有遵守法律而被罚款。例如,1998年,国防部及其所属部门被罚款近300万美元,仅陆军的罚款就占总罚款金额的三分之二。

表4.1　1990—2000财年[②]国防部环境质量预算[③]　(单位:亿美元)

财　年	总预算	环境合规	污染防治	环境保护
1990	—	7.90	—	—
1991	—	11.08	—	0.10
1992	—	19.30	—	0.25
1993	—	21.18	2.74	1.33
1994	28.00	19.97	3.38	0.99
1995	26.00	20.00+	2.84	1.52
1996	26.00	22.00	2.50	1.05
1997	22.70	19.00	2.44	1.08
1998	23.00	19.00	2.56	1.36
1999	21.00	17.00	2.38	1.36
2000	21.00	16.60	2.80	1.65

---

① Dycus, *National Defense and the Environment*, p.82.

② 编者注:财年是指财经年度、财政年度,通常以一年为单位。财政年度又称预算年度,是指一个国家以法律规定为总结财政收支和预算执行过程的年度起讫时间。美国政府的财年是从每年的10月1日到第二年的9月30日。

③ Data for FY 1994—2000 is taken from the Office of the Deputy Under Secretary of Defense (Environmental Security), "Defense Environmental Quality (EQ) Programs Annual Reports to Congress". Data for FY 1990 - 1993 is taken from the *Report to the Defense Science Board Task Force on Environmental Security* (Washington DC: Department of Defense, 1995). Blank boxes indicate that no data was available. The reason for this becomes clear when considering the following reply to a *Freedom of Information Act* request (made by the author on 22 January 2005, answered 29 March 2005), the Office of the Deputy Under Secretary for Installations and Environment (I&E) stating that there was "no formal budgeting or obligation tracking of environmental programmes prior to 1994. Therefore, no responsive documents were located in this search. The office has added that prior to 1994, the financial reporting for these programmes was under the auspices of the various States where the programs were performed." Without this data the total overall budget obviously cannot be determined.

国防部环境质量预算在环境合规方案上投入最多。从1994年起,该方案平均每年获得约20亿美元,几乎相当于整个下半年的环境安全预算。环境合规背后的政策建立在两个主要支柱之上。第一个支柱旨在确保环境计划实现、维持和监测所有适用的行政命令,以及联邦、州、州与州之间、地区和当地的(实质性、程序性)法规与监管要求[①],包括《清洁空气法案》《洁净水法案》《安全饮用水法》以及《资源保护与回收法案》。第二个支柱旨在"尽可能降低合规成本并简化要求"[②],这是通过污染防治、预算和环境规划来实现的。后者被定义为确定和考虑受到计划影响的国防部活动及运作影响的环境因素的过程。[③] 总之,属于"合规"类别的环境计划旨在避免未来立法中要承担的环境责任。例如,污染防治(环境质量预算的第二大受益者)旨在减少环境合规成本,并有助于避免未来的环境清洁责任。[④] 合规政策适用于整个军事部门及组成部分,包括政府自己和承包商,并适用于美国国防部所有在国内的行动计划、活动和设施,以及属地、信托和财产。[⑤]

从计划制订以来,通过对衡量环境合规的指标进行比较,我们可以得知,合规政策已经取得了良好的成效。例如,执行行为合规,给予人们纠正潜在违反环境立法之行为的机会,而不是直接处以罚款,这使得违反环境立法的案件从1993年的1 200起下降到2000年的300起,减少了75%[⑥],并使安全检测中罚款的比例从1994年的38%逐步下降到2001年的15%[⑦]。此外,国防部在预防措施方面做了一些改进,最显著的是污染防治方面。例如,危险废弃物的产出,从1992年的48万磅降到14.652 7万磅,下降了约69%。[⑧] 同样,2001年固体废弃物回收率的增长率为46%,比1998年多了

① Department of Defense Instruction Number 4715.6, Environmental Compliance, 24 April 1996, p.2.

② Department of Defense Instruction Number 4715.6, Environmental Compliance, 24 April 1996, p.3.

③ Department of Defense Instruction Number 4715.9, Environmental Planning and Analysis, 3 May 1996, p.2.

④⑤ Office of the Deputy Under Secretary of Defense, Environmental Security, "1994 Defense Environmental Quality (EQ) Program Annual Report to Congress" (Washington DC: Department of Defense, 1994).

⑥⑦ Office of the Deputy Under Secretary of Defense, Installations and Environment, "2001 Defense Environmental Quality (EQ) Program Annual Report to Congress" (Washington DC: Department of Defense, 2001), p.64.

⑧ Office of the Deputy Under Secretary of Defense, Installations and Environment, "Pollution Prevention in Progress Review" (Washington DC: Department of Defense, 2002), p.1.

16%，有了明显的起色。[①]

如前述表 4.1 所示，环境保护是环境质量预算的第三大受益者。军事土地上的保护，如污染清理，曾经是并且现在仍然是法律所要求的。1960 年的《赛克斯法案》(*Sikes Act*)已经确定了国防部执行保护工作的义务，该法案要求国防部的每个部门制定管理和维护野生动物、鱼类，以及丛林保护和恢复的计划。[②] 虽然《赛克斯法案》赋予国防部部长在确定保护计划形式和类型方面的权力，但国防部部长的所有保护工作都与《濒危物种法案》和《自然资源综合管理计划》(*Integrated Natural Resources Management Plan*, INRMP)等规章制度有关联。1973 年，《濒危物种法案》明确规定了所有联邦机构需要承担保护受威胁和濒危动植物及栖息地的义务。《自然资源综合管理计划》——1997 年对原《赛克斯法案》所做的修订——要求，所有军事活动都应考虑环境规划(包括资源保护)。1998 年 1 月 24 日，国防部发布了《自然资源管理计划》(国防部第 4700.4 号指令)，该文件规定，国防部所控制的自然资源应在得到有效管理的情况下支持军事任务，同时实行多重使用和持续性原则，采用科学方法和跨学科方法，突出环境保护与军事任务之间的兼容性。自然资源的保护和军事任务不需要也不应该相互排斥。[③]

进一步加强环境合规、污染防治和环境保护的方法是，在环境安全问题方面教育和培训军事人员。根据环境安全办公室的教育培训任务，教育培训计划旨在使每个军人都能够履行其环境责任。[④] 为了实现这一目标，军事院校和培训中心根据环境规划为所有军事人员开设了必修课程。此外，国防部提倡推行环境安全职业发展计划，重点是关注“环境安全专业人员的招聘、留用和晋升”[⑤]。国防部平均每年向教育和培训计划投资 2 000 万美元。

另一种支持环境质量计划的方法是使用技术来应对环境挑战。与迄今为止提到的环境质量计划的所有要求一样，国防部的环境技术计划旨在以符合成本效益的方式来满足环境法律和所有其他法律的要求，并保护本部

① Office of the Deputy Under Secretary of Defense, Installations and Environment, “Pollution Prevention in Progress Review” (Washington DC: Department of Defense, 2002), p.2.

② Office of the Deputy Under Secretary of Defense, Installations and Environment, “2002 Defense Environmental Quality (EQ) Program Annual Report to Congress” (Washington DC: Department of Defense, 2002), p.57.

③ Department of Defense Directive 4700.4, Natural Resources Management Program, 24 January 1998, p.2.

④⑤ Office of the Deputy Under Secretary of Defense, Environmental Security, “Mission Statement Environmental Security Education” (Washington DC: Department of Defense, 1994).

门避免受到环境责任的追究。[1] 环境技术计划的资金平均约为环境质量总预算的1%,并由环境质量计划的其他部分分别提供。例如,污染防治方案提供了一些资金,以推动研究促进污染防治的新技术。大多数环境技术基金用于两个环境技术计划:(1) 科学和技术方面的环境研究战略与发展计划;(2) 示范和验证的环境安全技术认证计划。因这两个环境技术计划太复杂,所以本书无法在这里对其进行详细描述,但通过对国防环境安全的研究,国防部在环境安全方面提高了任务准备的能力。

以上就是对国防部环境安全计划国内方面所做的分析。鉴于国防部在所有指定领域(特别是在清理、合规性和污染防治等方面)都取得了成功,因此,我们必须从积极的角度来看待该计划。尽管如此,基于本书的目的,问题仍然在于,这些计划与之前那些被称为环境安全的计划相比有什么不同?换言之,是什么正式促成了国防部的行为变化?这个问题的答案包括几个不同的但都重要的因素。这个新计划包含了国防部行为改变的多个方面:第一,在环境安全方面设立了一个实质性的国防部副部长帮办环境安全办公室,颁布了国防部第4715.1号指令。第二,由于资金的不同,因此环境安全办公室在最初设立的5年中有稳定的年度预算——每年约有50亿美元,总共约达250亿美元。例如,"国防环境修复计划"从1990年的6.01亿美元增长到1994年的23亿美元。[2] 第三,不仅在环境保护方面的投入资金有了大幅增加(见表4.1),而且从1993年起,与执行计划有关的各个州上交所有国防环境方案的财务报告,由国防部统一进行集中控制,并确保其实施。第四,出台了《1994年污染防治战略》的新倡议。第五,国防部副部长谢丽·W.古德曼和她的助理加里·D.维斯特对国防部的新计划非常感兴趣。[3] 古德曼指出,环境安全办公室比以前的任务更广泛,有很多人为此做好了准备。[4] 维斯特对此有浓厚的兴趣,此外,因为他一直参与北约和空军的有关事务,所以他有着多年的军事环境管理经验。不仅是环境安全办公室的领

① Office of the Deputy Under Secretary of Defense, Environmental Security, "1996 Defense Environmental Quality (EQ) Program Annual Report to Congress" (Washington DC: Department of Defense, 1996), ch. 6.

② Office of the Deputy Under Secretary of Defense, Environmental Security, "1994 Defense Environmental Restoration Programme (DERP) Annual Report to Congress" (Washington DC: Department of Defense).

③ Regarding the commitment of Goodman et al. see also Robert F. Durant, *The Greening of the US Military: Environmental Policy, National Security, and Organizational Change* (Washington DC: Georgetown University Press, 2007), pp.8, 52-73, 245.

④ 2000年9月13日,作者于弗吉尼亚州亚历山大市采访了谢丽·W.古德曼。

导层对环境安全有浓厚的兴趣，而且正如前一章已经说明的，副总统等政治领导人对环境安全的重视实际上有助于将此计划落到实处，这再次强调了环境与安全之间的联系。总而言之，虽然从表面上来看，国防部所做的新的环境安全计划在某种程度上与以前的相似，但实际上两者在预算、领导和承诺方面存在显著差异，这意味着环境问题被安全化了，而不是单纯的被政治化。

二、环境安全国际计划和倡议

国防部、环境保护署和能源部

国防部环境安全指令中第八个也是最后一个环境问题是国际间的军事合作，以下也称为国际环境安全计划。这个计划有两个重要的发展：其一，扩大了环境安全办公室有限的权力；其二，将其他许多政府机构纳入环境安全的范畴中。

尽管国际环境安全计划从一开始就是国防部环境安全举措的一部分，但是直到国防部部长佩里提出了“防御性国防战略”以后，国际环境安全计划的重要性才得到重视。[1] “防御性国防战略”是以“最好的安全政策是防止冲突的政策”这一信念为基础的。[2] 在 20 世纪 90 年代，这一战略在很大程度上集中于促进世界民主；与民主和平论一样，民主化被认为可以减少各州之间发生冲突的概率。实际上，在整个 20 世纪 90 年代，“防御性国防战略”需要国防部参与预防冲突、裁减军队、防止扩散、与军队合作推行民主以及维持和平等任务。古德曼认为，对于环境安全来说，实施“防御性国防战略”意味着要重点关注以下两点：

> 第一个，要了解在什么地方及什么情况下环境的退化和稀缺可能会导致不稳定及冲突，并要尽早解决这些问题。第二个，要确定哪些方面的环境合作可以大大有助于建立信任和理解。这两个要素共同构成了“防御性国防战略”的环境安全支柱。[3]

---

① 前国防部部长莱斯·阿斯平于 1994 年 2 月 3 日辞职，由威廉·J. 佩里接任国防部部长。

② William J. Perry, “Good Stewards at Home, Good Stewards Abroad”, Remarks to John F, Kennedy School of Government, Harvard University, 13 May 1996.

③ Sherri W. Goodman, “The Environment and National Security”, speech at the National Defense University, 8 August 1996.

这两点中的第一点显然是承认了暴力冲突和环境稀缺之间的联系。如前一章所示,来自不同政府部门的政策制定者回应了环境稀缺的观点,也对这种联系给予了格外的关注。然而与明确的承诺相比,在实际的政策制定方面的努力显得微不足道。因此,国防部的主要工作重点是组织会议和工作团队来讨论环境引起冲突的可能性。中央情报局的情报环境中心的情况也是如此,情报环境中心对环境和冲突进行了研究,组织了关于这一主题的讲习班,并在美国陆军战争学院安排了一次沙盘推演,预测 1997 年在京都举行的气候变化谈判的可能结果。① 霍默-狄克逊与许多其他学者一起参与了一个"特别工作组"——由副总统阿尔伯特·戈尔发起、中央情报局主持、副总统的安全顾问威廉·比尔·怀斯等组成的多人行动研究小组。必须注意的是,尽管霍默-狄克逊是"特别工作组"的成员,但成立这个小组不是因为环境与安全之间的联系,而是因为 20 世纪 90 年代初期有许多发生暴力争端的地区,克林顿政府希望能够更好地了解这一原因。② 该小组早期编写的报告表明,环境退化是影响国家安全的原因之一。③

显而易见,环境合作下的协作对和平营造的潜力得到了认真考虑,在摩尔曼斯克地区存在三个不同的计划。这三个计划分别是《北极军事和环境合作协定》和《北约现代社会挑战委员会的环境举措》④,以及 1993 年 4 月成立的所谓戈尔-切尔诺梅尔金委员会所推进的计划——后来被正式称为《美国-俄罗斯联合委员会石油经济和技术合作计划》。

然而,虽然从理论上来看,在摩尔曼斯克地区的不同环境倡议之间存在着明确的分界线,但实际上这种分界线十分模糊。前国防部副部长的助理加里·D.维斯特指出,参与《北极军事和环境合作协定》、北约现代社会挑战委员会、《美国-俄罗斯联合委员会石油经济和技术合作计划》的美国团队大

---

① Geoffrey D. Dabelko, "Tactical Victories and Strategic Losses: The Evolution of Environmental Security", unpublished doctoral thesis, Faculty of the Graduate School of the University of Maryland (2003), p.75.

② 2005 年 9 月 12 日,作者对副总统阿尔伯特·戈尔的国家安全顾问莱昂·富尔思的采访。

③ 霍默-狄克逊本人对"特别工作组"的工作并不满意。他参加该小组的会议不超过两次,并于 1996 年在应邀参加伍德罗·威尔逊国际学者中心的一次会议上公开批评该小组的研究成果。

④ 在题为"国际背景下的环境与安全"的试点研究的最后报告中,北约现代社会挑战委员会提出的目标如下:利用联盟带来的合作潜力,应对现代社会特别是影响各国环境和人民生活质量问题的挑战。委员会应考虑具体的人类环境问题,其目的是鼓励成员国政府采取行动,并将行动的最终结果对国际组织或其他各个国家完全公开。Gary D. Vest and Kurt M. Lietzmann, *Environment and Security in an International Context* (Washington DC: Department of Defense, 1999), p.3.

致是同一批人，该团队会定期开会谈论《北极军事和环境合作协定》和《北约现代社会挑战委员会的环境举措》。一名叫温迪·格里德的工作人员是美国环境保护署负责“谅解备忘录”的主要工作人员，但她还负责俄罗斯-北约现代社会挑战委员会的计划。从实践者的立场来看，无论在哪一个计划下工作都没有关系。[①]

在三个计划中，《北极军事和环境合作协定》是最值得被关注的一个。该计划最初是从北极核废料评估项目演变而来的。1997 年，该计划由《纳恩-卢格减少威胁合作计划》提供资金，约有 5 亿美元的预算，这些资金被用于销毁大规模杀伤性武器(特别是多弹头分导再入飞行器和洲际弹道导弹)。在接下来的几年里，资金直接由国会提供。然而，国家安全目标——减少核弹头，以对付核武器扩散——仍然是一样的，美国对《北极军事和环境合作协定》所做的努力响应了国家安全目标。

虽然在美国方面，国防部以环境安全办公室的名义成为《北极军事和环境合作协定》的主要参与者，但国防部在核废料管理方面几乎没有或许根本没有经验，这就使得与环境保护署和能源部协力完成任务成为必要。对于美国环境保护署来说，环境安全工作是其很乐意完成甚至求之不得的任务。这是因为美国环境保护署认为，环境安全是其成为在美国具有更大政治话语权的一个跳板，更重要的是能够使其摆脱资金投入不足的困境。[②]

美国环境保护署对《北极军事和环境合作协定》的关键贡献是将核废料从摩尔曼斯克地区运输到乌拉尔地区处理。该项目成了《北极军事和环境合作协定》的核心，使环境保护署成为美国国际环境安全工作中最重要的参与者之一。

对于能源部来说，维护环境安全也是一个受欢迎的新举措。与环境保护署一样，他们认为环境安全是获得资金并在美国政府中维持其地位的一种手段。[③] 正如第三章已经指出的，在冷战结束后，能源部的核管理工作在美国国内受到批评，这使得该机构一直担心被缩减规模或被完全取代。环境安全是一个让他们可以维持地位的机会。因为能源部在核废料管理方面

---

① 2005 年 9 月 17 日，作者于得克萨斯州的阿灵顿采访了加里·D.维斯特。

② 2005 年 9 月 13 日，作者于华盛顿特区采访了环境保护署国际活动首席副助理——艾伦·赫克特(Alan Hecht)；2005 年 9 月 15 日，作者采访了环境保护署国际活动首席助理——威廉·尼采(William Nitze)。另参阅 William Nitze, “A Potential Role for the Environmental Protection Agency and Other Agencies”, Environmental Change and Security Project Report (Washington DC: The Woodrow Wilson Center, 1996), p.118.

③ 2005 年 9 月 16 日，作者于华盛顿特区采访了负责能源、环境和经济政策分析的副秘书助理亚伯拉罕·哈斯佩尔(Abraham Haspel)。

具有无可争议的专业知识，拥有国家武器实验室等资源，所以它参与《北极军事和环境合作协定》是很有必要的。根据《北极军事和环境合作协定》的要求，能源部最主要的任务是培训俄罗斯工人进行核废料管理以及如何安全处置核废料。

《北极军事和环境合作协定》在环境安全办公室中非常受欢迎。对于古德曼及她的团队来说，《北极军事和环境合作协定》提供了第一个真正的机会，让他们在国防环境安全的国际层面能够做一些事情，以扩大环境安全办公室的职责范围。除了提供大部分所需的资源外，第二届克林顿政府领导下的国防部每年在《北极军事和环境合作协定》上的支出总额为400万至600万美元，整个计划由环境安全办公室负责协调和引导，这使得国防部成了美国国内乃至国际环境安全最重要的角色。

尽管有了国防部的领导，但其他机构的贡献仍是至关重要的。鉴于三个机构（美国国防部、美国环境保护署和美国能源部）在《北极军事和环境合作协定》中成功地进行了合作，加上所有机构对国际环境安全的渴望，《北极军事和环境合作协定》成了这三个机构进一步联合促进国际环境安全任务的起点。除此之外，1996年7月，美国环境保护署、美国能源部与联合国环境署共同签署了关于环境安全方面合作的“谅解备忘录”。

为了宣传“谅解备忘录”，美国环境保护署编写了一本名为《环境安全战略计划》的手册。该手册引起了保守的《华盛顿时报》的注意，该报认为环境保护署及其编制的手册等证据证明了克林顿政府环境政策的古怪。① 尽管这样的报道在政策制定方面没能改变任何东西，但它们对美国环境保护署内部有志于国际环保事业的人士来说是一个打击。②

除了保守的新闻界，“谅解备忘录”特别是国防部随后的“单独行动”也不受国务院欢迎。起初，该“谅解备忘录”应由国务院签署，但国务院负责海洋和国际科学事务的助理国务卿艾琳·克劳森拒绝签署“谅解备忘录”。达贝尔科指出，她（艾琳·克劳森）很早就表示不看好环境保护署和霍默-狄克逊所做的相互冲突的工作。她主要关注诸如《联合国气候变化框架公约》等国际环境条约的谈判。进一步来说，该“谅解备忘录”将部分让国务院眼红的外交权力授予了资源充足和表现积极的国防部官员。③

国防部和国务院极力保护各自具有外交影响力的观点在华盛顿广泛传

① 作者采访了艾伦·赫克特。
② 作者采访了威廉·尼采和艾伦·赫克特。
③ Debelko, “Tactical Victories and Strategic Losses”, p.73.

开，两个机构之间从过去到现在一直存在竞争，这是一个众所周知的事实。“谅解备忘录”一直被视为国务院环境外交举措的一部分，这就是为什么“谅解备忘录”总是出现在国务卿沃伦·克里斯托弗发表的书面声明中，该声明适时地赞扬了三个机构的努力，但毫无疑问也同时说明了国务院所宣称的外交政策问题的特殊地位。然而从长远来看，这些机构间的竞争意味着“谅解备忘录”会受到影响。在此引用达贝尔科的一句话：国务院部门中持续存在的中层官僚反对派的意见会削弱“谅解备忘录”的有效性，甚至会使“谅解备忘录”小组在美国政府内部创建的机构——环境安全办公室——所做的所有努力都白费了。①

但是在短期内，“谅解备忘录”可以说明国务院在国际环境安全方面的确取得了一些成功。为了正确理解“谅解备忘录”的意义，分析它与环境安全概念的关系是有必要的。环境保护署负责国际事务的副署长艾伦·赫克特提供了以下定义：

> 即使对科学和技术进步给予最充分的资金投入，人们也无法忽视这样一个事实，人口增长和环境压力将导致巨大的社会动荡，世界在严峻的国际压力下变得越来越脆弱。我们现在正试图采取具体措施以缓解这些环境压力。冷战“遗产”是另一个刺激因素。冷战“遗产”意味着要实施对放射性化学和生物设施的管理，实现从军事到民用设施的过渡以及与民主化进程相关的各种其他问题，这些都是环境安全问题的诱因。我们可以清楚地看出，这些问题只会变得更加严重，因为实施《SALT 协定》(《战略武器限制协定》)意味着要报废更多的核潜艇和产生更多的液体与固体废弃物。②

鉴于这个定义有一个连贯的决策计划，对于一些克林顿政府官员来说，“谅解备忘录”至少在自身理论范围内指的是环境安全，这并不奇怪。在实践中，“谅解备忘录”注定达不到其理论框架所承诺的高度。然而，环境保护署、能源部和国防部在“谅解备忘录”下的合作说明美国在国际环境安全举措方面取得了一些小小的成绩。因此，这三个机构的合作促成了多种多样

① Debelko, “Tactical Victories and Strategic Losses”, p.73.

② Hecht cited in Abraham Haspel, Alan Hecht and Gary Vest, “The DoD - DoE - EPA Environmental Security Plan”, *Environmental Change and Security Project Report* (Washington DC: The Woodrow Wilson Center, 1997), pp.163 - 164.

的环境目标，如环境外交、环境培训、环境清理以及对包括波罗的海地区、中东地区和北极等环境热点地区的环境破坏的预防。[①]

加里·D.维斯特受到了国际层面环境安全的激励，但同时也对“谅解备忘录”的平庸成绩感到很失望。他在担任国防部副部长帮办环境安全办公室首席助理期间负责国防环境安全的国际事务，提出了他自己的国际倡议。1997年至1999年，维斯特经他的上级古德曼以及其他上司的批准，推进了美国军队与外国军队之间的全球合作。尽管环境，或者更准确地说是军队对环境带来的益处[②]，或者就像维斯特所说的“促使全世界的军队对环境具有敏感性”，是军队间合作的最初动机，但维斯特很快意识到，这仅仅是一个促进和平、建立信任和民主化等动机的工具。

因此，从某种意义上来说，维斯特或者说国防部往往会避开传统的外交渠道，而推行他们自己的外交政策。但是，维斯特有些不寻常的处事原则是成功的，在余下的三年行政管理工作期间，他与许多不同的国家或地区建立了军事关系，包括菲律宾、南非、捷克、阿根廷、智利、澳大利亚、加拿大和波罗的海国家以及前南斯拉夫共和国各州等。[③] 这些军事合作计划有以下形式：代表团交流；联合分析环境数据；信息共享；双边或多边发展《环境、安全和职业健康》(*Environmental, Safety, and Occupational Health*, ESOH)相关产物(如手册等)，这些成果在本质上是通用的，可用于促进全世界军事中的环境、安全和职业健康观念；在区域或多边环境情境下主办或参加解决军事环境、安全和职业健康问题的会议。[④]

同时，在安东尼·辛尼(Anthony Zinni)将军的领导下，美军中央司令部也对环境安全开始产生兴趣。虽然中央司令部没有专门的环境安全预算部门，但辛尼和他的部下意识到环境问题是未来潜在的安全问题。美军中央司令部的“责任区域”包括中东、中亚和东非地区。在这些地区，对水资源的获取和质量控制被看作最主要的环境安全问题，换言之，这个环境安全问

① US Environmental Protection Agency, *Environmental Security: Strengthening National Security through Environmental Protecion* (Washington DC: Environmental Protection Agency, 1999).

② Haspel, Hecht and Vest, “The DoD-DoE-EPA Environmental Security Plan”, p.163.

③ Office of the Deputy Under Secretary of Defense, Environmental Security, “2000 Defense Environmental Quality (EQ) Program Annual Report to Congress” (Washington DC: Department of Defense, 2000), pp.49ff.

④ Office of the Deputy Under Secretary of Defense, Environmental Security, “2000 Defense Environmental Quality (EQ) Program Annual Report to Congress” (Washington DC: Department of Defense, 2000), p.48.

题最有可能导致暴力冲突。然而像维斯特一样，辛尼坚信，环境问题可以用来促进国家之间的合作，1997 年至 2000 年，美军中央司令部与国防部环境安全办公室和环境保护署密切合作，在“责任区域”组织了一些会议和研讨会。[①]

三、国务院

外交政策与环境安全之间的联系使得美国政府改变传统的外交政策制度成为必要。1993 年，克林顿-戈尔政府上台，这意味着国务院在环境政策制定方面的体制变革，如同国防部建立环境安全办公室一样，新政府设立了全球事务副国务卿办公室（Office of the Under Secretary of State Global Affairs，OUSGA），由阿尔伯特·戈尔的老朋友、环保主义者和参议员蒂莫西·E. 沃思负责。沃思的办公室受托对以前其他机构负责的四个全球性问题领域进行监督：政治事务管理，军备控制和国际安全，经济、商业与农业以及全球事务。[②] 协助沃思工作的四名助理秘书负责联系民主、人权和劳工局，人口、难民和移民局，海洋、国际环境和科学事务局，国际麻醉品事务局等不同部门。基于全球事务副国务卿办公室的规模和为应对这些全球问题而汇集的资源，克林顿政府发出了一个强烈的信号，他们似乎对新的全球问题的承诺很感兴趣。然而，这种兴趣或承诺是否转化为国务院方面的环境安全化则是另一个问题。在试图回答这个问题时，最重要的是要记住：安全化不要求一定要使用“安全”这个字眼。正如维夫解释道：

> 在实践中，完全没有必要使用“安全”一词。在有些情况下，“安全”一词是在没有特殊逻辑的情况下被使用的，在某些情况下，它被隐喻而不被显露出来。我们正在处理一种通常出现在“安全”名义下的特定逻辑，这种逻辑构成了“安全”概念的核心含义，这是通过运用“安全”一词研究实际话语找到的一种意义。但在进一步的研究中我们发现，这种特殊逻辑是标准修辞结构的特殊形式，而不是以某个特定词的形式出现。[③]

---

① 2008 年 6 月 18 日，作者电话采访了安东尼·辛尼。

② Homas Lippman, “With Tim Wirth in Position, The Old Lines Lose Weight”, *Washington Post*, 30 June 1994, p.1.

③ Ole Waever, *Concepts of Security* (Copenhagen: Institute of Political Science, University of Copenhagen, 1997), p.49.

沃思自己承认，他一直认为和相信环境是一个安全问题，这和克林顿政府在《国家安全战略报告》中对环境与安全的定义不谋而合。[①] 以下引用沃思在那段时间的演讲，该演讲强调了他的信念：

> 我们的环境资本赤字支出对人类安全有可衡量的直接影响。简单地说，整个地球的生命支持系统正以飞快的速度损耗，这说明我们在与自然相互依存的同时，也改变了我们与地球的关系。作为美国人，我们的安全与这些趋势密不可分。我们的国家安全取决于我们是否能够在人口数量与地球维持生命的能力之间建立可持续的、公平合理的平衡。[②]

沃思作为全球事务副国务卿办公室负责人致力于对环境安全有一个广泛的了解，他在办公室工作的前几年一直在处理一个又一个符合全球工作议程的全球问题。[③] 例如，在1994年开罗人口与发展会议召开前夕，沃思和他的工作人员发表了讲话，指出了人口快速增长的潜在危险和解决问题的办法。所有这些都来源于沃思对环境安全的宽泛理解。例如：

> （在开罗制定的）《国际人口与发展会议行动纲领》要求采取全面的办法，包括提供计划生育和生殖保健服务、对妇女的教育和赋权、改善妇幼健康以及调动机构和财政资源等规定。所有这些举措都会影响人口增长。该计划还指出，人口快速增长和资源浪费及消耗在环境退化中发挥了主要作用。[④]

尽管沃思在各种环境问题上不断呼吁，并确信自己对环境安全概念有全面的理解，但是国务院和全球事务副国务卿办公室都没有宣传实际的环境安全政策。直到1997年，他们才定下“环境外交”的官方术语来描述他们实际上在做什么，并且最后提出了一项政策计划。鉴于本章的目的，我们必

---

① 2005年9月21日，作者于华盛顿特区采访了蒂莫西·E.沃思。

② Timothy E. Wirth, *Sustainable Development and National Security*, (Washington DC: Bureau of Public Affairs US Department of State, 1994), p.4.

③ 这里还应该指出的是，杰西卡·塔奇曼·马修斯是《重新定义安全性》一文的作者，她被任命为沃思的副手。

④ Timothy E. Wirth, *Environmental Challenges Confront the Post-Cold War World* (Washington DC: Office of the Under Secretary of State for Global Affairs, 1995), p.2.

须追问：什么是环境外交？它与环境安全有什么不同？

1997年，一份名为《环境外交：环境和美国外交政策》的官方声明将环境外交的目的描述如下：

> 目前国务院正在与共享资源的国家共同开展行动，邻国是根据处于下游地带和上风口的位置来确定的，而不仅仅是彼此地理位置上的北方和南方，或东方和西方。由于共有的森林、河流或海岸线的威胁，因而各国扩展自身现有的包括环境问题的双边关系，并建立新的区域框架，以面对和迎接共同的环境挑战。[①]

环境外交意味着环境关切和环境威胁的观点已成为与其他国家的外交关系的一部分。1997年，国务院的报告指出，将环境问题纳入外交政策有三个原因：(1) 有助于维护一个因污染或资源稀缺而导致政治紧张的地区的稳定；(2) 使一个区域的各国能够合作制定解决区域环境问题的倡议；(3) 通过共同解决内部环境问题来加强与盟国的关系。[②]

读者阅读到此，可能注意到的是，这里提出的一些观点和环境安全很相似。环境可能会引起冲突是其需要帮助的首要原因，而环境信任与和平建设正被描述成所期望的帮助形式。另一个原因是环境问题被纳入环境安全领域——最宽泛意义上的“使能”，这里的“使能”可以具体地被理解为可持续发展的实现，然而，“可持续发展”是一个具有自身议程的概念，它不隶属于环境安全。根据这些发现，环境外交在许多方面可以被视为环境安全。值得注意的是，事实上沃思试图用原本的意义和环境安全的术语来命名它们，然而，他承认自己几乎得不到国家安全委员会中占绝大多数的传统主义者的支持，这些传统主义者认为让导弹保持“三分钟的警戒”更为重要。[③]

国务院采取两条途径来整合环境外交任务，第一条途径是建立所谓的区域环境中心——在确定的12个环境热点地区[④]的美国大使馆设立区域环境中心。这些工作的重心旨在通过数据交换、扩大行政工作透明度、资源整合等方法促进美国和不同国家之间的区域环境合作。第二条途径是增加双

①② US Department of State, *Environmental Diplomacy: The Environment and US Foreign Policy* (Washington DC: Department of State, 1997).

③ 作者采访了蒂莫西·E.沃思。

④ 亚的斯亚贝巴(埃塞俄比亚)、安曼(约旦)、曼谷(泰国)、巴西利亚(巴西)、布达佩斯(匈牙利)、哥本哈根(丹麦)、哈博罗内(博茨瓦纳)、加德满都(尼泊尔)、利伯维尔(加蓬)、圣何塞(哥斯达黎加)、苏瓦(斐济)、塔什干(乌兹别克斯坦)。

边、多边及国际关系中的环境议程。能够用来说明环境议程在多边关系中崛起的一个很好的例子是水资源在中东和平进程中的作用。

关于水资源短缺与暴力冲突之间的联系的学术文献已是汗牛充栋。[①] 水资源被视为战争的战略目标和战略武器，许多人认为所谓的“水资源争夺战”将在这个千年的战争中占据主导地位。近年来，这些文献的大部分已经受到严格的经验分析和批评。例如，史蒂夫·C.洛纳根(Steve C. Lonergan)认为，在任何冲突中难以将水资源作为单一变量，而且大部分证据证明这只是传闻。[②] 1967 年，约旦和以色列之间的冲突是一个普遍流行的用来证明存在水资源争夺战的例子。例如，诺曼·迈尔斯认为在某种程度上是以色列发起了战争，发起战争的原因是阿拉伯人计划改变约旦河的水资源系统，然而洛纳根对这种说法提出异议，他认为除了传闻以外，没有什么证据能表明水资源在 1967 年的战争中发挥了重要作用。[③] 尽管这带有学术争端的性质，但仍然反映了这样一种情况，即从 1967 年第三次中东战争开始，如果不是安全化的话，水资源的问题在中东就会成为一个政治话题。这种政治化状况与国务院环境外交思想的结合推进了将水资源纳入 1991 年马德里和平谈判的进程，水资源工作团队与环境工作团队占了五个多边工作团队中的两个。美国和俄罗斯共同赞助的水资源团队体现了多边合作的本质，它由欧盟和日本共同主办，涉及以下参与国：阿尔及利亚、巴林、埃及、以色列、约旦、科威特、毛里塔尼亚、摩洛哥、阿曼、巴勒斯坦、卡塔尔、沙特阿拉伯、突尼斯、阿联酋、也门。除此之外，还有来自其他国家和世界银行的 24 个代表团。环境工作团队的规模与水资源团队的规模是相似的。

除了提高这些区域环境问题的影响力外，国务院还设法提高全球环境问题的影响力。因此，如前所述，沃思在 1994 年开罗会议前夕就不断推进人口问题的解决进程，他也加强了对可持续发展和全球变暖问题的关注。

---

① 参阅 Norman Myers, *Ultimate Security: The Environmental Basis of Political Stability* (New York: Norton, 1993); Peter H. Gleick, *The World's Water: The Biennial Report on the World's Fresh Water Resources* (Washington DC: Island Press, 1989); Aron Wolf, "'Water Wars' and Water Reality: Conflict and Cooperation along International Waterways", in Steve C. Lonergan (ed.), *Environmental Change, Adaptation, and Security* (Dordrecht: Kluwer Academic Publishers, 1999), pp.251 - 265.

② Steve C. Lonergan, "Water and Conflict: Rhetoric and Reality", in Paul F. Diehl and Nils Petter Gleditsch (eds.), *Environmental Conflict* (Oxford: Westview Press, 2001), p.119.

③ Myers, *Ultimate Security*, cited Steve C. Lonergan, "Water and Conflict: Rhetoric and Reality", in Paul F. Diehl and Nils Petter Gleditsch (eds.), *Environmental Conflict* (Oxford: Westview Press, 2001), p.119.

特别是后者，在1999年京都谈判之前，全球变暖问题很接近副总统所关注的重点，因此从一开始就成为决策层所提出的全球问题议程的一部分。

鉴于环境外交的性质及其实施的内容，我们似乎应从积极的角度来看待国务院的努力。然而，得出这样的结论可能操之过急，因为无论环境外交在理论上看起来如何美好，它并没有让每个人都感到满意。事实上，克林顿政府的环境外交陷入了沃思与克林顿第一任国务卿沃伦·克里斯托弗之间的争执。因为这场争执的情况反映出国务院的承诺（在这里不包括沃思的办事处）与白宫对于环境外交问题的承诺略有不同，所以这些情况很值得被详细描述。

这场“正式”的争执起因于国务卿克里斯托弗于1995年1月22日在哈佛大学发表的非官方外交政策内容的演讲。[①] 克里斯托弗的演讲引起了沃思的愤怒，因为沃思认为全球问题绝不仅仅是一篇几页长的演讲内容所描述的那样。沃思对国务院的官方政策很失望，于是他在新闻中公开抨击和指责国务院坚持旧的文化——国务院只是专注于政治和军备控制，而不关注环境和人权。[②] 国务院维护了自己的外交决策路线，指出克里斯托弗关注的是把1995年作为中东和平谈判和规划北约未来的关键一年，沃思提议的内容与克里斯托弗关注的内容无关。[③] 一年后，在访问了几个环境恶化严重的国家后，克里斯托弗似乎了解了沃思的思维方式。

> 我一直遇到与环境相关的政治或安全问题。我突然想到了海地这个人口过多和森林砍伐严重的国家。在欧洲东部，这些新的民主国家正在努力与被破坏的环境做斗争，然而这些被破坏了的环境永远恢复不了了。不得不说，我深受副总统戈尔的影响。我认识到，就算沃思的部门运转良好，它也不会对我们外交的其他方面有非常深刻的影响。[④]

1996年4月9日，在加利福尼亚州斯坦福大学的一次演讲中，克里斯托

---

① 这里使用“正式”一词，因为这场争执通常被视为沃思和他的上司之间关系破裂的起点。然而，这里应该指出，沃思或者他的办公室没有争取到一个良好的开端。国会花了一年多的时间在国务院设置了一个年薪为12万美元的新的稳定职位（Terry Atlas, “Tim Wirth Takes on the World of Problems”, *Chicago Tribune*, 7 September 1994）；沃思的副手杰茜卡·塔奇曼·马修斯因为对全球事务办公室感到失望，所以在工作一年后便辞职了。

②③ Wirth cited in Thomas Lippman, “Tim Wirth versus State”, *Washington Post*, 20 April 1995.

④ Christopher cited in Thomas Lippman, “Christopher puts Environment at Top of Diplomatic Agenda”, *Washington Post*, 15 April 1996.

弗公开对回应沃思的言论进行调整，呼吁要“特别关注环境保护”，认为全球和平与国家安全越来越依赖良好的世界自然资源。[①] 克里斯托弗的这次演讲获得了新闻界的一致好评，也得到了沃思的认可。此外，克里斯托弗任命他最看重的环境保护主义者艾琳·克劳森担任海洋及国际环境和科学事务助理国务卿。

尽管有了这些修正，而且国务院也认可了环境问题，但是沃思仍然对负责外交政策的官僚机构在面对新挑战以及为新挑战提供所需条件时的懒散态度感到失望。在1997年的世界地球日公开讲话中，他指出了预算不断下降但工作量不断增加的问题。与沃思同样沮丧的美国国际开发署署长布莱恩·J.阿特伍德分享了沃思对克林顿政府外交政策中环境安全概念的批判。阿特伍德总结了自己感到沮丧的原因：看过1996财年的外交预算，人们必然得出这样的结论，即国会的许多人还是认为仍然可以用旧的方法来解决新的挑战，抑或解决不了就忽视其安全性。[②] 1997年12月，沃思不得不妥协且放弃了他的主张，辞去了全球事务副国务卿办公室主任一职，并离开政府，去了华盛顿的联合国基金会，自那时起就一直留在那里工作。

实际上，如果当时沃思没有决定辞职的话，可能也已经被解雇了。他承认，他在环境方面的主张与政府的想法比起来太过激进。在他的批判言论中，沃思没有把与传统势力的争执扩展到白宫，也没有抨击致力于环境问题的戈尔。然而，戈尔在2000年的总统选举中改变了对环境问题的关注点，回到了一开始的主张。考虑到沃思从办公室辞职的实质，如果仅根据沃思一些偏激的说法，我们就无法对此做出正确的评价；然而值得注意的是，沃思并不是唯一确信戈尔不再关注环保的人。许多有责任心的环保人士认为，一个更严格的《京都议定书》并不会为戈尔带来实际利益，这对美国经济和关注经济发展的人来说是个“坏协议”，但对环境来说是个好协议，然而这并不会给戈尔的竞选带来帮助。[③] 正如沃尔特·A.罗森鲍姆(Walter A. Rosenbaum)所说，“倡议环保并不能帮助民主党入主白宫”[④]。

---

① Frank Clifford, “Christopher Calls for Emphasis on Resource”, *Los Angeles Times*, 10 April 1996.

② Brian J. Atwood, “Remarks to the Conference on New Directions in US Foreign Policy at the University of Maryland, College Park”, reproduced in *Environmental Change and Security Project Report* (Washington DC: The Woodrow Wilson Center, 1996), p.86.

③ 2005年9月17日，作者于华盛顿特区采访了塞拉俱乐部国际项目主任拉里·威廉姆斯(Larry Williams)，以及项目成员罗伯特·史密斯(Robert Smythe)博士。

④ Walter A. Rosenbaum, *Environmental Politics and Policy*, fifth edition (Washington DC: Congressional Quarterly Press, 2002), p.25.

然而,戈尔的支持者则认为这种批评是荒谬且不公平的。他们的立场当然是,如果没有戈尔,环境问题就不会如此引人注目,毕竟是戈尔设立了沃思的办公室。此外,戈尔和全球事务副国务卿办公室一样都是环境外交的坚决支持者。他们共同主持了五个双边委员会:戈尔-切尔诺梅尔金委员会、美国-哈萨克斯坦联合委员会、美国-埃及经济增长和发展伙伴关系、美国-南非国家委员会和美国-乌克兰双边委员会。这些委员会之所以会关注环境,是因为受到了戈尔的启发。例如,戈尔-切尔诺梅尔金委员会下属的环境工作组非常注重戈尔在参议院工作期间酝酿的许多想法,即利用情报进行环境研究。在六个环境问题领域中,有一个是利用情报进行军事基地清理。因为该计划的第一阶段集中于两个国家的军事设施,所以要求两国交换以前的最高机密情报。据国防部副部长古德曼介绍,交换的过程体现如下:

> 第一个项目集中在每个国家的某个地点,主要是被石油和润滑油污染的地区。美国代表团在鄂霍次克海附近的埃斯克(Eysk)空军基地准备了一个衍生项目,俄罗斯代表团准备了佛罗里达州埃格林(Eglin)空军基地的作业地图。两国代表团都是按照20世纪70年代到目前的时间顺序所做的推移分析。衍生项目说明了过去20年中每个军事基地的污染点和类型,并且还表明污染点周围区域的人以及其他动植物的生活可能会受到影响。①

古德曼还指出了以下交换情报的好处:

> 首先,从环境角度来看,使用分类的情报资源可以帮助我们节省时间、金钱和人力来确定环境污染的类型与程度,并根据路径的位置和人类或动物的受体提供风险评估。其次,从美国和俄罗斯的关系的角度来看,这两个国家的专家群体——有知识的团体——长期以来被告知不要相互信任,这个项目很好地体现了两国专家群体之间信任关系的建立和发展。最后,它能帮助我们发展两个国家的国防和环境团队。这两个拥有重要情报资源的国家彼此分享对决策有价值的信息,提高

① Goodman in Ashton Carter, “DoD News Briefing on the New Information Sharing Initiative with the Russian Government, a Result of the Recent Gore-Chernomyrdin Commission Meeting” (Washington DC: Office of the Assistant Secretary of Defense, Public Affairs, 1996).

了与其他国家分享这些信息的可能性，我认为这是特别有价值的事情。因此，我们将携手致力于在全球增强环保意识。①

简而言之，专家工作组的努力是双重利用情报的一个典型例子。国家海洋和大气管理局局长吉姆·贝克代表所有参与者总结了对戈尔的态度，他指出："副总统看到了能做这之前无法做到的事的机会，因此所有这一切(该计划)都回归到他最初的愿景。"②

在情报收集设备的使用方面，戈尔的作用怎么强调都不为过。毕竟，他是第一批将环境问题与情报能力联系起来的人之一，同时也在1990年建立的技术战略环境研究与开发计划中发挥了主要作用。在1995年的美狄亚(MEDEA)项目中，大约60名科学家获得了安全许可证，被允许使用美国间谍卫星，以研究十多个环境敏感地区。③ 在此之前，平民从未被允许使用最高秘密情报收集设备；实际上在冷战期间，情报设备用于民用研究是人们无法想象的事。戈尔相信情报机构可能是深化研究全球变暖的重要力量。受到戈尔输入的观点的驱动，情报界慢慢接受了这个想法，比如在美狄亚项目中，间谍卫星被用来检查坦桑尼亚乞力马扎罗山及周围的山地森林上升的二氧化碳水平。

第二节　为什么他们要进行安全化?

到目前为止，本章已经表明，克林顿政府认为环境问题存在的威胁导致安全化行动者的行为发生了变化，使得本案例研究构建了一个成功的安全化。这种行为变化表现在领导能力、承诺、预算，以及制定处理环境安全问题的新政策或建立新机构方面。具体来说，这包括分别设立两个关于环境安全的副国务卿和国防部副部长级新办公室，签订《北极军事和环境合作协定》以及"谅解备忘录"等若干国际环境安全计划，创建12个区域环境中心，

①② Goodman in Ashton Carter, "DoD News Briefing on the New Information Sharing Initiative with the Russian Government, a Result of the Recent Gore-Chernomyrdin Commission Meeting" (Washington DC: Office of the Assistant Secretary of Defense, Public Affairs, 1996).

③ 根据杰弗里·D.达贝尔科的说法，有些人认为"MEDEA"是地球环境数据测量(Measurement of Earth Data for Environmental Analysis)的缩写，而另一些人认为"MEDEA"不是一个缩写(Dabelko, "Tactical Victories and Strategic Losses", p.vii)。

建立如在戈尔-切尔诺梅尔金委员会下的环境工作组形式的环境外交，创建美狄亚项目和设立“特别工作组”。换句话说，克林顿政府在规模和预算方面有相当大的变化，在国内和国际领域都积极推行环境安全方案。接下来是要回答这个问题：他们为什么要这样做？在第二章理论框架中，有人认为，这个问题的答案与安全化的实际受益者是不可分割的。还有人表明可能（至少）有两个受益人：第一个是由安全化的行动者确定的安全的指涉对象；第二个是安全化的行动者。我进一步指出，当安全化本身存在不一致时，代理人（安全化主体）获益的安全化是显而易见的。这就意味着语言（现有的威胁论证）和做事（安全实践）之间存在差异。因此，为了回答上述问题，我们需要看看克林顿政府的环境安全政策和做法是否与他们确认的威胁相一致。

从克林顿政府包括《国家安全战略报告》的各种官方声明来看，环境威胁被视为极端的、无处不在的，尤其是源于全球气候变化和臭氧消耗而带来的全球性的恶化的环境威胁。克林顿政府认为，这些环境威胁不分国界，国外的环境问题也会直接影响美国国家安全。如果这是对环境威胁的认识，那么我们就有理由认为克林顿政府在环境安全方面所做的努力与他们确认的威胁是不一致的。环境安全办公室是迄今为止美国环境安全领域最重要的参与者，其年度预算为 50 亿美元。然而，这一预算并不是用于避免一种或多种环境威胁，而是用于军事基地清理，以及在未来更好地遵守环境立法。在“军队绿色化”过程中，环境安全等式不是用于全球环境变化及其预期后果，而是用于解决环境功能的退化对军事准备构成的威胁，针对军队提供国家安全的能力。[①] 如果克林顿政府想要解决全球环境变化的问题，那么他们至少需要在全国范围内采取保护、清理和污染防治措施，而不是将这些重要的环境行动只局限于军事地区。同样，他们需要促进各地污染防治，而不仅仅是进行军事污染防治，特别是考虑到工业污染在当时是美国最大的环境污染源。针对环境问题的教育和培训必须包括公众，因为只有这样，对环境退化及其防治问题的深刻理解——如消费模式的改变——才能成为现实。1994 年和 1995 年的《国家安全战略报告》也提出了同样的建议。

> 在国内，美国必须努力阻止地方和跨区域的环境退化。此外，美国应

① 关于《国家安全战略报告》与美国国防部行动之间的不一致性，可参阅 Jon Barnett, *The Meaning of Environmental Security: Ecological Politics and Policy in the New Security Era* (London: Zed Books, 2001), p.79.

> 该发展以污染防治、控制和清理为目标的环境技术。现在投资于能源效率、清洁制造和环境服务的公司将创造未来高质量、高工资的工作岗位。通过出口这些类型的技术,我们也可以为其他国家提供实现环境可持续发展下的经济增长的方式。同时,我们在国内采取有力措施,以更好地管理我们的自然资源,减少能源和其他消耗,减少废弃物的产生并加大我们的回收力度。[①]

考虑到克林顿政府对环境安全所做的评价与以这种政策的名义所做的努力之间的实际差异,我们判断,环境安全实践和政策的受益者不可能是美国的普通公众。如果这个判断成立的话,那么这些政策制定者就一定是这些政策的受益者。我认为受益者是国家安全机构,因此本案例研究的是安全化行动受益者的例子。这一观点也得到了证实——有些事不仅是以环境安全的名义所做的(如清理军事基地以确保军事准备,或防止污染以避免被罚款),而且也是出于当下后冷战阶段的危险话题的急迫需要。[②] 因此,当时安全机构(国防部、能源部、中央情报局等)认为它们的生存受到威胁(至少在当时是这样),于是分解出包含许多相对小的危险话语(如环境安全、经济安全、强权政治等),以填补因东西方冲突结束而留下的真空。在构建安全威胁的过程中,安全机构同时作为(环境)安全的提供者提供"服务"。环境安全对安全机构具有吸引力,因为它给了安全机构一个存在的理由,并确保联邦资金持续投入国际环境安全工作中,特别是《北极军事和环境合作协定》和"谅解备忘录"的实施,这是因为环境保护署和能源部等机构希望通过参与这些计划来应对资金不足的问题。同样,加拿大政治学家罗纳德·J.戴伯特(Ronald J. Deibert)在对为达到环境目的而使用情报能力的分析中提到了"军事环境安全综合体"。他认为:

> 一旦确定了军事冲突的环境原因,一个潜在的新"敌人"便被引入安全计划中。习惯于识别苏联最新潜艇的图像分析师现在也不得不去监测战略地区淡水资源的枯竭情况。对于曾经在冷战时期防御项目承

① "1994 and 1995 US National Security Strategy of Engagement and Enlargement", extract reproduced in *Environmental Change and Security Project Report* (Washington DC: The Woodrow Wilson Center, 1995), p.49.

② 我不是第一个将美国环境安全的出现与坎贝尔的危险论联系起来的人,参阅 Barnett, *The Meaning of Environmental Security*, pp.48, 88.

> 包中稳步发展的大型航空航天公司及其员工来说，这意味着似乎注定要在失去一个敌人的情况下，新的业务和工作才会重新复苏。对于军队来说，虽然这不是海湾战争，但却是一个在“不确定的世界”中越来越难发现的任务。[①]

这里需要注意的是，戴伯特的分析不仅仅是对情报界的学术性评价。事实上，情报界正在寻找后冷战时代的关联性，以及环境引发冲突的可能性被视为关注环境安全的正当理由。在克林顿政府中管理全球和多边事务的国家情报官理查德·史密斯(Richard Smith)在接受采访时向我证实了这一点。[②] 这个特殊的职位是在1993年年底创建的，环境是情报界确定的22个“持久挑战”之一。[③]

另一个支持这一安全化的行动受益者案例研究的例子是全球事务副国务卿沃思的经历，他设法扩大其办公室的环境安全议程范围，以解决政府本身已经确定的环境不安全问题，后来因为预料到自己的努力会遭到反对，所以选择自动离职。

综上所述，现在我们应该可以很清楚地看出，克林顿政府有众多理由将环境安全化简单地看作建立国家安全机构。不管发生这种情况的方式有多少，每个机构都认为环境安全是一个使自己受益的机会。我得出的结论是，除了受冷战结束的鼓动之外，这种自我服务的行为还很容易受到环境安全概念的不确定性的推动。[④]

第三节　小　　结

在本书的理论框架中，我认为通过识别安全化的受益者，我们可以洞察安全化主体的意图。本章的分析支持这一理论主张。因此，一旦美国环境安全的受益者被确定为国家安全机构，而不是美国普通公众，这显然就会对

---

① Ronald J. Deibert, “From Deep Black to Green? Military Monitoring of the Environment”, *Environmental Change and Security Project Report* (Washington DC: The Woodrow Wilson Center, 1996), p.29.

② 2008年5月15日，作者电话采访了理查德·史密斯。

③ Richard Smith, “The Intelligence Community and the Environment: Capabilities and Future Missions”, *Environmental Change and Security Project Report* (Washington DC: The Woodrow Wilson Center, 1996), p.106.

④ Compare, Dabelko, “Tactical Victories and Strategic Losses”, p.111.

安全化主体的意图带来影响。显而易见，这说明安全化主体的意图不能简单地从行动者身上看出来。这个案例研究证实了本书前面提出的理论主张——行动者并不总是并且必须采取行动以保护所指涉的安全对象。相反，安全化的行动者有时会考虑自身的利益而实施安全化，在这种情况下，该行动者就被称为安全化行动受益者。

鉴于美国克林顿政府是安全化行动受益者，本案例研究引出了有关环境安全的道德价值的重要问题。在这方面的两个关键问题是：谁或什么应从环境安全政策中受益？什么时候环境部门的安全化在道德上是正确的？我将在第六章中回答这些问题。接下来，我们有必要来看看自2001年乔治·W.布什总统执政以来，环境安全政策的命运如何。

第五章　布什政府与环境安全

本章将主要探讨两个问题：在布什执政期间，环境是否仍然是一个安全问题？布什政府政策的改变是否会导致环境"非安全化"？我们假设第一届布什政府上台时，环境是安全化的，而每任新总统上台执政时，必然沿袭前任总统的预算案、政府结构、承诺以及官僚人员体系。[①] 本章还将探讨前一章所提到的问题，即美国现存的国内与国际的环境安全保护计划和项目仍然存在吗？它们改变了吗？如果答案是肯定的，那么是以什么方式改变的？这只是关注到的一部分问题。

在这里，我们很有必要探讨第一届布什政府的《国家安全战略报告》的历史背景。

对于第一届克林顿政府来说，其执政的历史背景是冷战结束，而对于第一届布什政府来说，其执政背景是"9・11"事件及"反恐战争"。虽然布什政府在"9・11"事件发生之前的10个月就已上台，但这些事件对当时的《国家安全战略报告》影响最大，布什政府随即在2002年9月17日成立了首个负责《国家安全战略报告》的政府部门，当年便发动了"反恐战争"。

从一开始，布什政府对环境安全的态度就与克林顿政府的态度截然不同，布什政府停止了一切可终止的计划，把已经制度化的国防部副部长帮办环境安全办公室改为国防部副部长帮办设施和环境办公室（Office of the Deputy Under Security of Defense, Installations and Environment, ODUSD-I&E）。

虽然这一政策很有可能直接导致环境"非安全化"，但实际情况并不是看上去这么简单。举例来说，虽然国防部副部长帮办环境安全办公室换了名字且其运行模式不复存在，但是许多关键的环境保护计划都被保留了下

---

① Sam C. Sarkesian, John Williams, John Allan and Stephen Cimbala, *US National Security: Policymakers, Processes and Politics*, third edition (Boulder: Lynne Rienner, 2002), p.96.

来，如污染防治和环境合规计划。此外，一些国际环境安全计划仍然没有改变，如《北极军事和环境合作协定》。2004年，英国作为新成员国加入北极军事环境组织，使该计划的规模得以进一步扩大。此外，请注意，"安全化"这个词不能取代"安全"的用法，因为"安全"可以与"问题"组成"安全问题"一词，但"安全化问题"就是另外一种意思了，"安全化"只能作为一个标签。换句话说，布什的政策可能会使环境"非安全化"，但是我们应该更加严谨地分析问题。事实上，在得出结论之前必须指出的是，似乎所有的新政府特别是布什政府上台后，都会急于改变如标签、名称、结构等任何可以改变的东西，不留下上一届政府任何的执政痕迹。

第一节　历史背景：首届布什政府与"反恐战争"

2001年年初，布什政府上台时，他们既没有清晰的外交政策，也没有清晰的国家安全政策。[①] 布什最初的单边主义行径漠视了友好国家及支持者，所以他原本就不高的公众支持率很快就不断下滑到新低。[②] 然而，2001年的"9·11"事件改变了这一切。布什政府突然采取了具有连贯性的外交政策和国家安全政策，"外交"与"安全"再一次几乎成了同义词。[③] 同时，布什总统的支持率飙升至92%，成为历届总统中得到公众支持率最高的一位。[④]

"9·11"事件在三个方面显著影响了国家安全政策：第一，布什发动了所谓的"反恐战争"；第二，政府建立了美国国土安全局，主要用于开展国内的"反恐战争"工作；第三，国防开支增加，用于"反恐战争"。在2001—2008财年，国防预算增加了62%，总额达4 814亿美元。[⑤] 布什总统发表2002年国情咨文，对国防安全问题进行了论述。

---

① Stefan Halper and Jonathan Clarke, *America Alone: The Neo-Conservatives and the Global Order* (Cambridge University Press, 2004), p.131.

② Jane Martinson, "Poll Shows Half of Americans Doubt Bush's Trustworthiness. Special Report on George Bush's America", *The Guardian*, 28 May 2001.

③ Sarkesian et al., *US National Security*, p. 14; Ronald Asmus, "The European Security Agenda", in Roland Dannreuther and John Peterson (eds.). *Security Strategy and Transatlantic Relations* (Abingdon: Routledge, 2006), pp.18 - 19.

④ Gary Langer, "Still Proud to be an American — Poll: One Year Later Public Remains Proud, Optimistic despite Fears", *ABC News*, 10 September 2002.

⑤ Office of Management and Budget, "Budget of United States Government FY2008" (Washington DC: Department of Defense, 2008).

> 在我的预算案中，国防开支呈现了20年来的最大涨幅态势，因为自由和安全的代价是很高的，但也不会太高。无论保卫国家的代价是多少，我们都将承担。预算案中的下一个重点是尽一切可能保护美国公民并增强国力，以使美国免受另一次袭击的持续威胁。预算案在可持续性国土安全战略项目上增加了将近一倍的资金，主要集中在四个关键领域：生物恐怖主义、应急响应、机场与边境安全、情报改进。[①]

除了“反恐战争”及其所有相关内容以外，布什只把一个问题——经济问题——看得与国家安全问题一样重要。然而，经济要服从战争的需要，布什认为：“只要国防安全和国土安全得到资金保障，那么我的预算案也将优先考虑美国人民的经济安全。”[②]

在余下的演讲中，布什也提到了其他问题如医疗和退休，它们都被贴上了“安全”的标签，只不过是作为社会安全问题，而不是国家安全问题而已。在整个演讲过程中，环境问题作为一个重要的国内政策问题，只在一句话中单独出现过，没有和安全问题联系在一起。

> 在未来几个月中，我将和大家一起努力改善以下议题：农业政策、环境清洁以及支持慈善机构的事业等。我请求你们与我一起参与这些国家议题，本着和参与“反恐战争”一样的合作精神，共同努力。[③]

与国情咨文一样，在布什政府于2002年9月下旬发表的《国家安全战略报告》中，关于“反恐战争”的论述占据了大量篇幅，同时环境问题不再与安全问题一起被提及。事实上，在整篇30页的文稿中，环境问题只被提到2次。在题为《通过自由贸易市场点燃全球经济新时代》的章节中，只有一段话提到了环境问题，内容如下：

> 美国必须促进经济增长、扩大经济繁荣程度、保护环境和保障就业，为美国人民提供更好的生活。我们将会把就业与环境问题结合起

①②③ George W. Bush, “State of Union”, 29 January 2002.

> 来,并将其纳入美国贸易谈判,在多边环境协定与国际贸易组织之间营造"健康的网络",并利用国际劳工组织、贸易优惠计划及贸易谈判,在与贸易自由化关联的情况下改善工作条件。[①]

环境问题第二次被提到,是在题为《通过开放社会和建设基础设施,扩大发展范围》的章节中。

> 美国寻求与正处于变化时期的中国建立良好合作关系。我们已在双方共同获利的领域开展了良好的合作,包括当前的"反恐战争"和促进朝鲜半岛的稳定。同样,我们也就阿富汗的未来进行了协商,并就"反恐"和类似的过渡性问题展开了全面对话。共同的健康和环境威胁问题,如人类免疫缺陷病毒及艾滋病的蔓延等,促使我们携手面对挑战,改善公民福利。[②]

值得注意的是,虽然这里提到了"环境威胁",但却没有提供相关案例,也没有提及缓解环境威胁的策略纲要。

虽然布什政府对环境问题的关注程度与克林顿政府形成鲜明对比,但这并不令人意外。事实上,当布什还是得克萨斯州州长的时候,他就很少关心环境问题,而且他在上台之初采取了一些政治举措,推翻了前任总统推出的许多环境保护政策。[③]

> 布什在90分钟的总统宣誓就职演讲中表露了他的态度,他的办公厅主任安德鲁·卡德(Andrew Card)发出一份"备忘录",搁置了克林顿推出的371项有待执行的(环境保护)条例。到2001年3月中旬,布什开始投掷"炸弹"。他背弃了竞选总统时对二氧化碳排放量(全球气候变暖的主要因素)进行监管的承诺,宣布他将公平竞拍所有可开采石油和天然气的公共土地,延迟实行《无路地区保护条例》,而这项条例可

---

① National Security Strategy of the United States of America, September 2002.

② National Security Strategy of the United States of America, September 2002, p.27.

③ 布什总统任得克萨斯州州长时,得州的环境记录是全美国最差的。在他最糟糕的环境管制措施中,有一项是他对"祖父式"煤电站(在1977年《清洁空气法案》颁布之前就已建立)的宽容,这些煤电站的负责人可自愿选择关闭煤电站,但事实上许多煤电站仍继续运营。

以保护约 23.471 77 万平方千米的公共土地免遭挖掘和开发。[1]

至此，需要注意的是，克林顿总统的环境政策也远远不够完美，许多环境保护条例和规章制度都是在其任期将满之时才被推出的。[2] 然而本书所要着重讨论的不是环境政策本身，所以不会进一步详细地分析不同环境政策之间的本质区别。鉴于前文所提到的布什的环境政策，我们可以推断，即使没有“9·11”事件，环境安全也不会成为布什政府《国家安全战略报告》的一部分，原因很简单，他们不是环保主义者。布什政府是一个缺乏环境保护责任感的政府，即使没有“反恐战争”，他们也不会强烈主张环境安全政策。毕竟，正如前一章所得出的结论，领导力是实现环境安全的最重要的催化剂之一。

更重要的是，在“9·11”事件之前，布什政府就已经开始积极取消克林顿政府在环境安全方面提出的一些政策，这说明，“9·11”事件只是一个契机，而不是布什总统背弃前任总统的环境安全政策的主要理由。值得注意的是，军费开支增加的原因也是如此。布什在竞选总统时就曾发出警告，他说：“美国的国防开支未能跟上美国国防的需求和使命。”[3]所以，布什在上台的几个星期内，就下令全面审查美国军事状况并任命安德鲁·马歇尔(Andrew Marshall)为五角大楼新保守主义智囊团——净评估办公室(Office of Net Assessment)——的长期负责人，马歇尔曾因长期致力于军事变革而出名。[4] 总之，布什政府是在“9·11”事件之前决定重建国防，并不是为了应对安全威胁。[5] 因此可以说，“9·11”事件并不是造成军费增加的原因，而只是推动了军费的增加。同样，正如斯图尔特·克罗夫特(Stuart Croft)所指出的那样，“‘9·11’事件并不是突然出现的……公众和政府早

① Carl Pope and Paul Rauber, *Strategic Ignorance: Why the Bush Administration is Recklessly Destroying a Century of Environmental Progress* (San Francisco: Sierra Club Books, 2004), pp.45 - 46.

② Carl Pope and Paul Rauber, *Strategic Ignorance: Why the Bush Administration is Recklessly Destroying a Century of Environmental Progress* (San Francisco: Sierra Club Books, 2004), p.45.

③ Charles W. Kegley, Eugene R. Wittkopf and James M. Scott, *American Foreign Policy*, sixth edition (London: Thomson Wadsworth, 2003), p.80.

④ Nicholas Lemann, "Dreaming about War", *The New Yorker*, 16 July 2001; Douglas McGray, "The Marshall Plan", *Wired* (2003).

⑤ Dan Meyer and Volk E. Everett, "W for War or Wedge? Environmental Enforcement and the Sacrifice of American Security — National and Environmental — to Complete the Emergence of a New 'Beltway' Elite", *Western New England Law Review* 25 (2003), p.50 (emphasis added).

已经开始关注恐怖主义"[1]——这一观点支持了坎贝尔的主张，即危险总是由多种因素引起的，即使有些因素不易被察觉[2]。

第二节　美国国内环境安全计划和倡议

一、国防部

在克林顿政府组建时期，美国的国内环境安全计划完全是由国防部，或者更准确地说，是由国防部副部长帮办环境安全办公室提出的。由于布什政府没有为国内环境安全设立新的办公室或提出新的倡议，本节内容将集中分析国防部的政策和保留下来的国防环境安全计划。

克林顿时期制定的国防环境安全计划现在出现的一个明显变化是，国防部副部长帮办环境安全办公室的名字改成了国防部副部长帮办设施和环境办公室。由于"安全"并不能代表"安全化"[3]，因此对办公室的更名可能并不重要。我们不能单独地看布什政府执政时期国防部环境部门的状况，而是要结合国防部工业事务与设施办公室一起考虑，这是一个资金充裕的办公室，负责管理价值数十亿美元的军事设施。[4] 行政管理和公共政策教授罗伯特·F.杜兰特(Robert F. Durant)表示，这次办公室重组意味着"在国防政策的核心内容中，环境安全政策消失了，而且未能维护环境自然资源的资金免受核心军事设施预算暴增的冲击"[5]。2004 年，负责设施和环境办公室的国防部副部长菲利普·W.格罗内(Phillip W. Grone)在工作报告中强调了这个办公室工作任务的多重性。

---

① Stuart Croft, *Culture, Crisis and America's War on Terror* (Cambridge University Press, 2006), p.266.

② David Campbell, *Writing Security*, second edition (Minneapolis: University of Minnesota Press, 1998), p.171.

③ Ole Waever, *Concepts of Security* (Copenhagen: Institute of Political Science, University of Copenhagen, 1997), p.49.

④ 克林顿政府设立了一个独立的部门——国防部工业事务与设施办公室，该办公室由谢丽·W.古德曼的丈夫约翰·B.古德曼(John B. Goodman)掌管。

⑤ Robert F. Durant, *The Greening of the US Military: Environmental Policy, National Security and Organizational Change* (Washington DC: Georgetown University Press, 2007), p.228.

> 格罗内管理和监督的全球军事设施占地面积约为 11.914 万平方千米，包含 58.7 万栋楼宇和其他建筑物，价值超过 6 400 亿美元。他的职责包括开发设备性能、管理预算、重组与关闭军用基地、监督军用住房和公用事业系统私有化、军事采购以及将武器装备和环境需求纳入军事采办过程。此外，他负责环境、安全和职业健康管理，“国防环境修复计划”的激活与取消，自然与文化资源保护，污染防治，环保技术研究以及消防和爆炸物品安全管理。[①]

鉴于这个办公室在军事设施方面的规模之大，环境保护相关工作是否依然受到重视而没有被军事设施工作所取代则有待观察。值得注意的是，2001 年国防部副部长帮办设施和环境办公室的国防环境质量年度报告提到，这次办公室重组“能使国防部环保计划变得更有效率”[②]，然而并未提及具体措施。当我采访新办公室的工作人员时，没有一个人能告诉我名字变更的原因，而接受采访的其他人则认为国防部副部长帮办环境安全办公室的更名与其原属于克林顿政府密切相关，因为似乎新总统上任后，必须要有“新政策”。

虽然从新部门的名字来看，保护环境的责任似乎增加了，但是布什政府却很少继续履行如清理军事基地、防治环境污染等一些在克林顿政府时期就存在的环境保护计划。在这之前，美国国防部用于环境清理的资金最多。然而与克林顿政府不同，布什政府不会每年拿出 50 亿美元预算的大约一半资金用于环境清理。相反，所谓的“国防环境修复计划”由两个独立的项目组成：环境治理(environmental restoration，ER)项目和军事基地重组与关闭(base realignment and closure，BRAC)项目。[③] 在过去的 10 年中，环境治理项目的资金相对稳定在平均每年 13 亿美元，而军事基地重组与关闭项目的资金一直在波动。[④]资金波动情况见表 5.1。

---

① 作者于 2006 年从国防部副部长帮办设施和环境办公室网站上找到了这段话。格罗内先生在 2007 年 12 月中旬离开了国防部，不久之后，该网站将其部门信息及离职声明全部移除。亚历克斯·比勒(Alex Beehler)从 2007 年 12 月中旬至 2008 年 2 月中旬担任代理副部长。2008 年 2 月中旬，韦恩·阿尼(Wayne Arny)被任命为国防部副部长。

② Office of the Deputy Under Secretary of Defense, Installations and Environment, “2001 Department of Defense Environmental Quality (EQ) Program Annual Report to Congress” (Washington DC: Department of Defense, 2001), p.4.

③④ Office of the Deputy Under Secretary of Defense (Installations and Environment), “2004 Defense Environmental Programs (DEP) Annual Report to Congress” (Washington DC: Department of Defense, 2004), p.2.

表 5.1　2001—2009 财年军事基地重组与关闭项目预算汇总[①]

（单位：百万美元）

财年	2001	2002	2003	2004	2005	2006	2007	2008	2009(估值)
总额	801	625	771	387	250	569	497	527	524

然而，国防部副部长帮办设施和环境办公室却认为这种波动是成功的标志，因为资金量是随需求量增加或减少的。资金的减少（2005 财年比 2001 财年减少了一半以上）表示国防部完成了军事基地重组与关闭项目中的环境治理工作。[②] 反之，从 2006 财年开始的资金的上涨，并不等同于国防部没有完成环境治理工作，而是因为军事基地重组与关闭项目委员会的规模扩大且工作量增加了。有超过 800 个“不同的、可确认的建议促使军事基地重组与关闭项目委员会在不断地行动……2005 年，军事基地重组与关闭项目委员会收到的建议数量超过了 1988 年、1991 年、1993 年和 1995 年的总和”[③]。可以解释这一现象的原因也许是军事基地重组与关闭项目不再关注关闭军事基地，而开始关注“新的国防需求”，如“反恐战争”这一新的战争需求，从而使军事武装需求激增。[④] 军事基地重组与关闭项目的目标是使美国的军事基础设施满足武装部队的需求，不仅要降低成本和关闭不需要的军事基地，同时也要促进军事转型，迎接新世纪的挑战。[⑤] 以下是 2005 年军事基地重组与关闭项目委员会的报告内容：

> 前几年，军事基地重组与关闭项目的目标是通过节省资金支出和缩减军队规模来获得“和平红利”。然而在国防部 2005 年的军事基地重组与关闭项目审查报告中我们可以看出，通过消除产能过剩来节省开支明显已经不是多数委员会考虑的主要问题了。实际上，几位国防部证人在

① The data for FY 2001 is taken from Defense Environmental Programs (DEP) Report to Congress for FY 2004; data for 2002—2004 taken from Defense Environmental Program (DEP) Report to Congress FY 2005; data for 2005 taken from Defense Environmental Program Report to Congress FY 2006; data for 2006—2009 taken from Defense Environmental Programs (DEP) Report to Congress FY 2007; data for 2007—2009 taken from Defense Environmental Programs Report to Congress FY 2008.

② ODUSD-I&E, “2004 Defense Environmental Programs (DEP) Annual Report to Congress”, p.3.

③ Defense Base Closure and Realignment Commission 2005, “Final Report to the President”, p.iii.

④ Defense Base Closure and Realignment Commission 2005, “Final Report to the President”, p.317.

⑤ Defense Base Closure and Realignment Commission 2005, “Final Report to the President”, p.1.

委员会听证会上明确表示，2005年军事基地重组与关闭项目的目的是加快军事转型，改进军事技术，增强军事价值。[①]

鉴于这些新的安全目标，政府发布了更多的军事基地重组与关闭项目（如"反恐战争"军事调整项目）就不足为奇了，然而只有少数的军事基地被关闭了。换句话说，政府在军事基地重组与关闭项目上所增加的经费并没有用于环境清理，但是，当军事基地被关闭并被划归公共领域，而不是被改造以适应新的安全威胁时，环境清理尤为重要。1995年的军事基地重组与关闭项目委员会的报告显示，所有的军事基地重组与关闭项目都应考虑"环境治理因素"[②]，而2005年的标准却是要求国防部考虑"潜在的环境治理相关费用，包括废弃物管理和环境保护方案"[③]，也就是说，环境问题可以与任何问题捆绑在一起，而以前的军事基地重组与关闭项目却不是这个意思。

与军事基地重组与关闭项目不一样，环境修复（清理）部门不是国家安全与国防需求的主体，因此，无论国家安全如何变化，它都能保持稳定。正如前面的章节所示，自1975年起，国防部在法律上就被要求清理其军事基地，而且几乎没有一届政府可以改变这一点。同样，环境合规、污染防治以及对自然环境的保护措施都要符合联邦政府、州政府和国际上众多法律的规定程序。由于环境保护法规的存在，每一届政府不论是否乐意，都必须实现环境保护承诺并且为相关项目提供资金。因此，尽管不是很乐意，布什政府也必须实现环境保护的承诺。表5.2详细列出了布什政府从2001年至2009财年在环境质量监控方面的拨款预算，包括环境合规、污染防治和环境保护。

与表4.1相比，此表显示，一方面，布什政府用于环境合规和污染防治的预算拨款明显降低：1996财年环境合规的预算高达22亿美元，然而10年以后的2006财年只有15.4亿美元，下降了6.6亿美元。污染防治的预算拨款下降得更多：1994财年到2006财年的10年之间，年度预算下降了约63个百分点，从3.38亿美元下降到1.25亿美元。另一方面，环境保护的预算

---

① Defense Base Closure and Realignment Commission 2005, "Final Report to the President", p.3 (emphases added).

② Defense Base Closure and Realignment Commission 1995, "Report to the President" (Washington DC: Department of Defense, 1995), p.x.

③ Defense Base Closure and Realignment Commission 2005, "Final Report to the President", p.317.

表 5.2　2001—2009 财年环境质量监控拨款预算[1]　(单位：亿美元)

财　年	总　额	环境合规	污染防治	环境保护
2001	20.00	16.30	2.12	1.83
2002	20.00	16.70	2.20	1.57
2003	22.00	18.00	1.87	1.79
2004	19.00	16.60	1.16	1.58
2005	20.00	16.70	1.25	1.88
2006	18.00	15.40	1.25	2.04
2007	18.60	14.30	1.30	3.00
2008	19.70	14.90	1.21	3.52
2009(估值)	20.80	16.70	1.65	3.44

拨款反而稳定增长，2009 财年环境保护的拨款预算是 1994 财年(0.99 亿美元)的 3 倍多。然而在本案例研究中，恰恰因为环境安全是受法律保护的，美国国防部才会去做相关的工作，所以资金拨款水平这个单一的因素不能代表美国环境安全的状况，本案例研究还需要分析拨款去向及拨款原因，才能为确定政府决策的主流方向提供有力依据。

从布什政府于 2002 年 3 月发布的国防环境政策来看，美国国防部关于环境问题的表态首次呈现出完全不同的基调。与克林顿政府不同的是，布什政府在环境问题上关注的重点已不再是关于环保需求或促进环境安全。

相反，国防部认为，应该优先考虑军事安全而不是环保条例，这里的环保条例也就是以前所说的环境安全政策。公职人员环境责任协会(Public Employees for Environmental Responsibility, PEER)的一名成员透露了 2002 年的《可持续国防备战和环境保护法》(*Sustainable Defense Readiness and Environmental Protection Act*, SDREPA)草案，内容如下：

联邦部门和机构首先应进行军事领地和领空的模拟演练，以确保

[1] Data from FY 2001—2004 taken from the Office of the Deputy Under Secretary of Defense, Installations and Environment, "2005 Defense Environmental Programs (DEP) Annual Report to Congress", p.C-2; data for 2005 taken from the 2006 Defense Environmental Programs (DEP) Annual Report to Congress; data for FY 2006 taken from the 2007 Defense Environmental Programs (DEP) Report to Congress; data for FY 2007—2009 taken from the 2008 Defense Environmental Programs (DEP) Annual Report to Congress.

陆军、空军、海军和海军陆战队做好充分的战斗准备，其次才是保护土地及保护在军事领地上发现的濒危灭绝的物种。[①]

总之，这使得军事安全与野生动物保护之间突然变得互不相容了。这个新的政治导向是如何产生的？它背后隐藏的想法是什么？国防部副部长帮办设施和环境办公室的工作人员认为，这种突然的转变是源于所谓的“侵入问题”。他们急于强调的是，早在谢丽·W.古德曼管理办公室的最后一年，这种“侵入问题”就已经出现了。据一名工作人员透露，军方官员们曾聚集在国防部副部长帮办环境安全办公室抱怨不能进行适当的军事训练。[②]同样，有评论家指出：“‘9·11’恐怖袭击事件发生后，美国军方及国会强烈希望发动‘反恐战争’。”[③]

美国国防部列出了总共八项“侵入问题”：在军事基地的濒危物种栖息地、未分拆的军事器材和弹药、无线电频谱竞争、受保护的海洋资源、空域竞争、空气污染竞争、噪声污染竞争、军事设施周围的城区的扩展。[④] 一本名为《国防部可持续发展范围：通过合作更好地规划》的手册特别突出了第八项“侵入问题”——军事设施周围的城区的扩展，军事训练与演习受到的影响如下：(1) 限制夜间演习；(2) 限制噪声，严重影响飞行训练；(3) 禁止挖散兵坑、使用烟幕或车辆扬尘；(4) 减少武器试验次数；(5) 由于土地使用的限制或栖息地回避条例，军事演习规模变小。[⑤]

为了减轻“侵入问题”的影响，美国国防部采用了七种不同的途径，即政策途径、项目规划、领导力与组织、立法规制、外联与参与、协调土地用途与缓冲处理以及综合性国会报告。在这七种途径中，“协调土地用途与缓冲处理”途径和《整治与环境保护倡议》(*Readiness and Environmental Protection Initiative*, REPI)拥有不同的资金账户。《整治与环境保护倡议》关心的是减轻缓冲区内的环境问题。2005 财年，国防部向国会申请了2 000 万美元，

---

① Department of Defense, “Sustainable Defense Readiness and Environmental Protection Act Discussion Draft”, discussion draft not for release, 7 March 2003, p.2.

② 2005 年 9 月 15 日，作者于国防部副部长帮办设施和环境办公室采访了环境维护和安全办公室主任柯蒂斯·鲍林(Curtis Bowling)。

③ Durant, *The Greening of the US Military*, p.229.

④ United States General Accounting Office, *Military Lacks a Comprehensive plan to Manage Encroachment on Training Ranges* (02 - 614) (Washington DC: US General Accounting Office, 2002), p.1.

⑤ Office of the Deputy Under Secretary of Defense, Installations and Environment, *Department of Defense Sustainable Ranges: Better Planning through Partnership* (Washington DC: Department of Defense, 2005), p.9.

最终获得了 1 250 万美元；2006 财年申请的是 2 000 万美元，但获得了 3 700 万美元；2007 财年则获得了 4 000 万美元。值得注意的是，从 2004 财年到 2005 财年再到 2006 财年，这一项目的资金增长使得环境保护的预算拨款也增加了。[①]

除了“协调土地用途与缓冲处理”途径之外，“外联与参与”是减轻“侵入问题”的第二个重要途径。国防部主动与受“侵入问题”影响的委员会及州政府合作，力求推出“一个基础广泛的、远期的外联策略”[②]。实际上，美国国防部考虑参与长期的社区规划，以确保控制未来的“侵入问题”。例如，购买邻近社区的土地并建立更大的缓冲区，这一行为被称作“合作性环境保护”。在此必须指出的是，国防部强调，只有出现有意愿的卖家时，这一计划才是可行的，所以不会强制社区搬迁。[③] 国防部提出的“佛罗里达州西北部绿色通道”项目，可能是国防部最好的外联计划工作实例。该项目由美国国防部、佛罗里达州政府和佛罗里达州自然保护协会共同签署“合作备忘录”，旨在“保护重要的生态土地，并协调佛罗里达州西北部生态与军事的发展”[④]。项目所指定的陆地走廊和空域属于佛罗里达州的狭长地带，位于阿巴拉契科拉国家森林和埃格林空军基地之间。这一狭长地带极具生态价值，包含佛罗里达州 75％的植物种类，联邦 23 种濒临灭绝的物种和 13 种濒危物种，古老的长叶松森林，生态系统健康的河流、海湾和河口。埃格林空军基地在佛罗里达州的经济贡献约为 59 亿美元，对该区域经济发展至关重要。因此，佛罗里达州政府当然希望同时保全这两个区域的发展。“合作备忘录”试图将不同党派之间的需求结合起来，其目标是：促进佛罗里达州西北部军事基地的可持续发展，满足国防演习、操作与训练的需求；保护土地，维持这一地区的生物多样性，连接自然保护区域，维护水资源并发展旅游业；提升维护军事安全的能力，促进区域经济的发展，发展休闲娱乐

---

① Office of the Deputy Under Secretary of Defense, Installations and Environment, “2007 Defense Environmental Programs (DEP) Report to Congress” (Washington DC: Department of Defense, 2007), Appendix B, p.8.

② US Department of Defense, *DoD Sustainable Ranges Initiative* (Washington DC: internal publication courtesy of the Office of the Under Secretary of Defense, Installations and Environment, 2005), p.7.

③ Donald Rumsfeld, “Secretary Rumsfeld's remarks at the White House Conference on Cooperative Conservation” (Washington DC: Office of the Assistant Secretary of Defense, Public Affairs, 2005).

④ Northwest Florida Greenway Memorandum of Partnership among Department of Defense, State of Florida, and the Florida Chapter of the Nature Conservancy to Conserve Environmentally Significant Lands and Limit Incompatible Development in Northwest Florida (2003), p.2.

和旅游业。[①]

自 2003 年 11 月 12 日签署“合作备忘录”以来，“佛罗里达州西北部绿色通道”项目非常成功，各方都对其进展感到满意。在资金方面，各签约方都从不同层面上积极拨款。例如，该项目是由佛罗里达州投资 3 亿美元发起的，而国防部也在 2004 年拨出了 100 万美元。

然而自从第一届布什政府上台之后，美国国防部和环境保护委员会之间的合作就并不都像“佛罗里达州西北部绿色通道”项目一样成功了。造成这种情况的主要原因在于，布什政府依然企图用过去的手段来处理“侵入问题”，布什总统希望从根本上免除现有的环境保护法规规定的法律责任，并希望通过项目规划、领导力与组织、立法规制以及政策等途径实现免责。早在 2002 年国防授权法案审议会上，布什政府就迫不及待地请求豁免某些环境保护条例，开启了环境保护法律法规豁免运动。然而这项豁免运动并未被采纳，部分原因是美国审计署发布的 2002 年夏季报告显示了“侵入问题”和军事训练减少相联系的争议观点，内容如下：

> 尽管某些军事活动减少了，但各项统计数据并没有表明“侵入问题”显著影响了军事战备训练。从道理上来说，有关“侵入问题”的工作可能会影响成本，不过统计数据并没有记录“侵入问题”在军事训练费用上的总体影响。根据军队官方报告，在所有项目中，军事备战的费用依然很高。通过分析现役部队 2001 财年的备战报告我们可以得出，只有极少数部队由于缺少训练场地而无法做好战斗准备。[②]

尽管如此，环境保护委员会某些能力的缺失确实被注意到了，无论是这份报告还是 2002 年的国会报告，它们都没有成功阻止美国国防部强硬提出的豁免议程。事实上，从 2002 年 10 月国防部副部长办公室公布的《2003 年可持续范围决策简报》中我们可以看出，国防部的态度似乎比以往任何时候都要更坚决。在“2002 年的教训”这一副标题下的要点有：长期地推动豁免运动，加强监管，改善行政决策，量化提案，增加参与整个豁免运动过

① Northwest Florida Greenway Memorandum of Partnership among Department of Defense, State of Florida, and the Florida Chapter of the Nature Conservancy to Conserve Environmentally Significant Lands and Limit Incompatible Development in Northwest Florida (2003), p.2.

② United States General Accounting Office, *Military Lacks a Comprehensive Plan*, p.3 (emphasis added).

程的“操作者”人数，改善外联工作，调整立法范围等。[①] 此外，这个特别的“范围和可持续一揽子计划”的立法提案有史以来第一次指向以下内容：澄清《候鸟条约法案》(*Migratory Bird Treaty Act*，MBTA)、《濒危物种法案》(ESA)、《海洋哺乳动物保护法案》(*Marine Mammal Protection Act*，MMPA)、《清洁空气法案》(CAA)、《资源保护与回收法案》(RCRA)以及《综合性环境反应、赔偿与责任法案》(CERCLA)的关键方面。在过去的两年里，上述的这些法案阻碍了军事训练和基地维护。[②] 进一步说，这些“关键方面的澄清”含义如下。

MBTA：军事备战行动可得到《候鸟条约法案》的豁免。

ESA：《自然资源综合管理计划》可以在重要保护栖息地实行。

MMPA：调整《海洋哺乳动物保护法案》，排除无关紧要的行为改变。

CAA：给予国防部一段合理的时间(5 年)调整其二氧化碳排放量的标准，达到国家排放限制要求。

RCRA：可操作范围内沉积和剩余的弹药不是“固体废弃物”。

CERCLA：消防演习并不是《综合性环境反应、赔偿与责任法案》的主要任务。[③]

换言之，布什政府的国防部寻求一个混合的环境保护豁免策略，并试图改变长期存在的一些环境法，这些环境法甚至早在第一届克林顿政府上台前就已存在了。

2003 年 3 月，决策简报刊登了国防部副部长保罗·沃尔福威茨分别向陆军、海军和空军参谋长发出的一份“备忘录”。这份“备忘录”的主要内容是军事训练的环境保护豁免，与 2002 年 12 月决策简报的内容相符。然而这次的重点并不在于寻求新的豁免权，而是利用现有的立法，使总统在出于“保护国家安全”的情况下，豁免国防部在上述环境法中承担的法律责任。[④]

---

① Office of the Deputy Secretary of Defense, *Sustainable Ranges 2003 Decision Briefing to the Deputy Secretary of Defense* (Washington DC: Department of Defense, 2002), p.3.

② Office of the Deputy Secretary of Defense, *Sustainable Ranges 2003 Decision Briefing to the Deputy Secretary of Defense* (Washington DC: Department of Defense, 2002), p.5 (emphasis added).

③ Office of the Deputy Secretary of Defense, *Sustainable Ranges 2003 Decision Briefing to the Deputy Secretary of Defense* (Washington DC: Department of Defense, 2002), pp.17 - 21.

④ Office of the Deputy Secretary of Defense, "Memorandum for the Secretary of the Army, the Navy and the Air Force. Subject: Consideration of Requests for Use of Existing Exemptions under Federal Environmental Laws" (Washington DC: Department of Defense, 2003), p.1.

2003年及2004年，国防部的环境保护豁免运动仍然保持强劲。在2004年，他们的努力得到了回报，国防授权法案通过了一些豁免条款。事实上，是因为共和党在国会中占多数而为国防部的环境保护豁免运动的开展提供了便利。其中有声名狼藉的詹姆斯·英霍夫(James Inhofe，共和党人，俄克拉何马州)——参议院环境公共工程委员会主席，他曾经声称气候变暖是“针对美国人民的最大的骗局”①；还有邓肯·亨特(Duncan Hunter，鹰派共和党人，加利福尼亚州)——众议院军事委员会主席。美国国防部能够取得豁免权，他们两位功不可没。② 2004年，美国因伊拉克战争的持续而需要大量资金支持，但财政部却强烈建议削减开支。为了获得资金，美国陆军设备管理部少将安德斯·阿德兰(Anders Aadland)在一份面向所有驻军指挥官的“备忘录”中指出了新的思路。他建议在环保项目上冒险，终止所有环境保护合同并把所有非法定的环境执法行动推迟到2005财年。③ 然而一听到“备忘录”被媒体和环境保护公众组织的工作人员获知的风声，国防部就将该“备忘录”中的内容修改为“继续实施年度资助项目中所有计划好的方案，不要减少或推迟实行环境项目”④。

2004年12月，公职人员环境责任协会获得了国防部的《环境、安全和职业健康(草案)》的复印件，这是第一届布什当局密集制定的最后一份文件，用来取代克林顿政府的《环境安全指令》。2005年1月，第二届布什政府成立，《环境、安全和职业健康》于2005年3月成为官方政策，永久废除了克林顿政府的《环境安全指令》。尽管这项新指令以“环境”为标题，然而在长达几页的文件中却很少提到环境或环境保护的使命。事实上，在克林顿政府的《环境安全指令》中，有关国防部环境保护、污染防治和环境合规等重要职责的描写有好几个段落，而在这个新的指令中，取而代之的只有一段话：国防部的政策是对《环境、安全和职业健康》当下及未来的资源需求进行评估，通过主动的、稳健的投资来支持使命的达成，加强军事准备，减少未来的资金需求，防治污染，预防疾病与伤害，确保环境合规成本得到有效控制并实现资源利用最大化。⑤

---

① James Inhofe, “The Science of Climate Change Senate Floor Statement”, US Senate Committee on Environment and Public Works, 28 July 2003.

② Durant, *The Greening of the US Military*, p.230.

③ Anders Aadland, leaked memo to Garrison staff, 11 May 2004, p.4.

④ Public Employees for Environmental Responsibility, “US Army Restores Environmental Funding”, 28 May 2004.

⑤ Office of the Under Secretary of Defense for Acquisition, Technology, and Logistics, Department of Defense Directive 4715.1E, “Environment, Safety, and Occupational Health (ESOH)”, 19 March 2005.

鉴于以上内容,布什政府有关国内环境安全的政策是什么呢? 在克林顿政府的案例中,我们起初很难确定其环境安全政策与上届国防部的环保倡议有何不同。然而在分析环境安全项目的规模后,我们很快就会发现这两个政策的预算拨款是不一样的,并且相关的领导力和授权方式也有一定的变化,这意味着环境问题被"安全化"了,而不只是被"政治化"。使用相同的指标来对布什政府与上届政府国防部的举措进行比较是可行的。这个分析将从领导力与授权方式开始,而将预算拨款问题放到最后。

正如前文所述,布什总统及其团队的其他成员都很少做出环保承诺。[①] 传统上,共和党人(除了理查德·尼克松)一直比较关注经济发展而忽视环境问题,因为这两者的关系是相互冲突的。[②] 同样,国家(军事)安全和环境法律法规也是相互冲突的。因为环境法律法规的存在使军队无法正常训练,所以环境法律法规可能会对国家安全条款(在此只视其为军事安全)构成风险或障碍。事实上,国防部部长唐纳德·H.拉姆斯菲尔德(Donald H. Rumsfeld)的座右铭是:要像在战斗一样去训练,这样,战斗时就会像在训练一样。[③] 陆军副参谋长约翰·基恩(John Keane)认为:

> 要实现这样的训练,军队就需要有与战场情况严格相同的训练基地和世界上杀伤力最强的战斗武器。如果没有高仿真的实弹训练,我们的士兵就会在战场上缺乏自信。为了实现这些目标,我们需要军事演习基地以及实弹操作区域。士兵第一次真正操作武器绝对不能是在打仗的时候。训练是为了真正的战斗,而军事训练越来越受到环境法的限制。[④]

本书的第三章提到了国防环境安全的历史,战争的副作用往往就是环境遭到破坏。如果按照拉姆斯菲尔德所说,军事训练等同于战斗,那么环境破坏就是合法的了。此外,在拉姆斯菲尔德的领导下,国防部寻求环境保护豁免权,突出了军事训练与环境保护的冲突。之所以会这样,是因为总统一

---

① 关于布什政府成员的环境公信力,可参阅 Pope et al., *Strategic Ignorance*, or Robert S. Devine, *Bush versus the Environment* (New York: Anchor Books, 2004).

② Raymond Tatalovich and Mark J. Wattier, "Opinion Leadership: Elections, Campaign, Agenda Setting, and Environmentalism", in Dennis L. Soden (ed.), *The Environmental Presidency* (New York: State University of New York Press, 1999), pp.151ff.

③ Donald H. Rumsfeld, "Transforming the Military", *Foreign Affairs* 81 (2002).

④ General John Keane, "The Impact of Environmental Extremism on Military Readiness: The Encroachment Problem" (Washington DC: US Senate Republican Committee, 2003), p.2.

直在回避环境法规，不断满足国防安全需求。如果总统没有这样做，五角大楼的核心目的就不会是满足军事训练需求而是彻底摆脱环境法规了。换言之，摆脱环境法规的愿望并不单单是因为军事训练的要求，而是美国国防部原本就缺乏保护环境的责任感。

再来看领导者，布什政府不仅错过了阿尔伯特·戈尔，而且国防部副部长帮办设施和环境办公室也错过了古德曼及其副手加里·D.维斯特。虽然克林顿时期的许多官员留在了国防部副部长帮办设施和环境办公室，大多数人也无疑仍致力于环境管理，但是由于军方上层领导的介入，使得他们即便有不同的意见，也不得不服从命令。此外，在克林顿时期，更多的决策直接由国防部副部长办公室甚至是国防部部长办公室发布，而不是由国防部副部长帮办设施和环境办公室发布。

在美国国防部既缺乏责任感又缺乏领导能力的情况下，我们现在有必要再看看其预算案。正如本章前面所述，自从第一届布什政府上任以来，所有环境问题领域的预算拨款都下降了，有些下降了60％以上——环境保护项目除外。此外，国防部由于每年都要根据政府的需求更新预算案，因而没有稳定的预算分配。

美国国防部为了解释预算的下降，列出了许多已完成的项目。在2004财年国会报告中，国防环境项目（Defense Environmental Programs，DEP）的摘要如下："美国国防部预计，随着国防活动变得更加可持续化，未来的总体资金需求将减少。科技的进步提高了环境保护项目的工作效率并降低了成本，目前环境修复工作已基本完成。"[①]

然而，环境质量预算下降的另一个原因可能是，鉴于环境法规的强制性要求变少了，所以用于环境保护的资金也就不需要那么多了。这是有事实依据的，从2003财年到2004财年，预算金额下降得最多，下降总额将近6亿美元（见表5.3）。而正是在2004年，国防部被授予了期盼已久的环境保护豁免权。此外，这也解释了为什么稳定的长期预算拨款会消失[②]，既然环境法规的强制性要求在减少，为什么还要有长期稳定的环保拨款呢？

在布什总统执政的第一年里，美国国防部的环境保护豁免运动引起了媒体和环境保护协会的愤怒，布什政府自然不会对此感到高兴。国防部经常被舆论指责忽视环境保护以及推翻一切可以推翻的环境法规。尽管如此，

① ODUSD-I&E, "2004 Defense Environmental Programs (DEP) Annual Report to Congress", p.4.

② 总预算相对稳定的原因是它包含了非环境保护项目。

表 5.3　2001—2009 财年国防环境保护项目预算拨款[1]

（单位：亿美元）

财年	2001	2002	2003	2004	2005	2006	2007	2008	2009(估值)
总额	41.32	39.43	42.47	36.53	35.96	38.74	37.41	40.03	42.50

五角大楼仍然坚持认为他们的环境管理政策没有问题，并急于发布能够抵消这些负面新闻的消息。在国防部被指责忽视环境问题之后[2]，布什任命的负责设施和环境的国防部副部长雷蒙德·杜波依斯（Raymond DuBois）写了一封公开信给《今日美国》报社，可见媒体的力量很强大，可以传播公众的意见。经过这一事件之后，布什政府更加重视媒体及公众对环境问题的关注度，波普（Pope）等学者在以下内容中特别强调了这一点：

> 为什么里根政府在环境保护方面会声名狼藉？布什总统认为，原因是他没有良好的公众关系——里根及其任命的官员没有充分粉饰他们所犯的错误。而他就比较善于利用媒体来做掩盖，他经常与大自然的美景合照，并用好听的名字，比如"洁净天空"和"健康森林"来包装他的反环保政策。布什总统的政治顾问弗兰克·伦茨（Frank Luntz）的建议曾在一份"备忘录"中被泄露：任何关于环境问题的讨论都必须消除公众疑虑，你要表现出非常关心环境安全，这样他们就会觉得很体面，即使"洁净天空"计划会导致污染增加，"健康森林"计划会导致更多树木被砍伐……[3]

在所有的改革和豁免运动中，引起大众媒体最强烈抗议的事件是，国防部要求豁免《濒危物种法案》。许多人担心，国防部将从此结束保护野生动物的工作。濒危物种联盟——由美国数百个环保、科学、教育、宗教、体育、户外休闲、商业和社区组织组成——在网站首页上发布公告以示抗议：

---

① Data for FY 2001 taken from the Office of Deputy Under Secretary of Defense, Installations and Environment, "2004 Defense Environmental Programs (DEP) Annual Report to Congress", p.71; data for 2002—2006 taken from the 2005 Defense Environmental Programs (DEP) Annual Report to Congress, p.C - 2; data for FY 2007—2009 taken from the 2007 Defense Environmental Programs (DEP) Annual Report to Congress; data for FY 2007—2009 taken from the 2008 Defense Environmental Programs (DEP) Annual Report to Congress.

② Raymond DuBois, "Pentagon is a Good Steward of the Environment", *USA Today*, 27 October 2004, p.12.

③ Pope et al., *Strategic Ignorance*, pp.24 - 25.

> 国防部的豁免提案将从根本上改变《濒危物种法案》，军方管辖土地之后，重要栖息地将消失，超过300个濒临灭绝的物种将受到威胁。为了保护国家的自然遗产，尤其是居住在约10.117万平方千米的军事土地上的成百上千的濒危物种，国防部必须继续坚持履行《濒危物种法案》赋予其的责任。此外，《濒危物种法案》在此之前已经包含了三项给美国国防部的工作提供方便的规定。[①]

同样，为了揭露布什政府尤其是美国国防部政策的实质，公职人员环境责任协会的执行董事杰夫·鲁赫(Jeff Ruch)做了很多工作，他说："《2003财年国防授权法案》就像谢尔曼坦克一样精妙。"根据这一法案，五角大楼将获得社区污染、空气污染及射杀野生动物的豁免权。[②] 而国防部却急于强调根本没有这回事，他们只想把《濒危物种法案》中保护重要栖息地的条款移到《自然资源综合管理计划》中，这样他们就可以在遵守环境法规的情况下，在指定区域进行军事训练。此外，他们强调《自然资源综合管理计划》不是只受国防部管辖，而是由国防部与隶属于内政部的鱼类及野生动植物管理局(Fish and Wildlife Service, FWS)合作管理。美国鱼类及野生动植物管理局吸收了《自然资源综合管理计划》的目标。

> 《自然资源综合管理计划》基于生态管理系统原则，提供自然资源管理，包括鱼类、野生动物和植物；允许综合利用资源；在完成军事任务和不损失军用武器设备的情况下，提供适当的公共通道。以下是《自然资源综合管理计划》中关于安装军用设施合理范围的规定：
>
> ● 军事行动与环保方法相结合；
>
> ● 美国鱼类及野生动植物管理局、各州政府及军方共同管理鱼类和野生动物资源；
>
> ● 为自然资源预算提供证明文件；
>
> ● 为美国环境保护署文件提供主要信息来源；
>
> ● 指导计划人员及设施管理人员；
>
> ● 指导国防部合理使用、保护土地和水资源；
>
> ● 平衡管理自然资源，尤其是合理安排军事设备的安装和土地使

① 作者于2004年下载了这篇文章，此后这篇文章被濒危物种联盟网站删除。

② Jeff Ruch, "Pentagon Files for Environmental Exemptions: Mixed Earth Day Message for Bush Administration" (Washington DC: Public Employees for Environmental Responsibility, 2003).

用活动；

● 确定并按重要性对为实现目标所需的行动进行排列。[①]

虽然豁免了《濒危物种法案》，但国防部还是要遵守环境法规，而且《自然资源综合管理计划》和《濒危物种法案》自1997年起就已确立，两者同时并存。美国鱼类及野生动植物管理局透露，《自然资源综合管理计划》的确立其实是为了使国防部更容易在重要栖息地上进行军事训练，而不用考虑濒危物种的安全。更有意思的是，提出《自然资源综合管理计划》以及豁免《濒危物种法案》恰恰解释了环境质量监控预算案中环境保护项目预算资金上涨的原因。然而增加预算不是为了保护环境，而是因为十分重要的"侵入问题"。因此，2005财年及2006财年环境保护项目预算拨款的增加反映了国防部新的动机，即利用环境保护的名义来防止"侵入问题"影响军事训练。[②]

综上所述，布什政府的国内环境安全政策出现了显著的变化，所有这些改变都使环境安全变得岌岌可危。然而因为克林顿在其执政时期全面革新了环境安全倡议，所以在做出总结之前，我们非常有必要分析以下问题：布什总统上台以后，新的国际环境安全倡议是什么？

二、国际环境安全计划和倡议

（一）国防部

因为新的目标需要新的策略，所以布什总统上台以后，就把克林顿时期的国防部部长佩里提出的"防御性国防战略"改成了"先发制人"的国防战略。大约在"9·11"事件发生两周半以后发布的《四年防务评估报告》中，布什政府首次正式提到了优先选择权。该报告指出，保卫美国国土安全是美国军方的最高职责。美国必须先发制人地阻止和抵御针对美国领土、主权、人口以及关键基础设施的侵略袭击，并应对这些侵略袭击和国内其他突发事件造成的严重后果。[③] 2002年，这个转变更加明显了。《国家安全战略报

---

① US Fish and Wildlife Service, "Integrated Natural Resources Management Plan Fact Sheet" (Washington DC: Department of the Interior, 2004), p.2.

② ODUSD-I&E, "2004 Defense Environmental Programs (DEP) Annual Report to Congress", p.4.

③ US Department of Defense, "Quadrennial Defense Review Report" (Washington DC: Department of Defense, 2001), p.69 (emphasis added).

告》中的主要内容都是优先选择权的工作，“防御性国防战略”已经很少被提及：

> 在恐怖威胁到达美国边境之前，我们就要识别并摧毁它，以保卫美国和美国人民的利益。美国将努力争取国际社会的支持，但是如果有需要，美国将毫不犹豫地单独行动，先发制人打击恐怖分子，行使我国自卫权，防止国家及人民受到伤害。在应对国家安全所受到的威胁方面，美国一直采取先发制人的行动。威胁越大，越应该采取行动，所以在不确定敌人进攻的时间和地点的情况下，更应该采取先发制人的行动进行自卫。在必要的情况下，为了防止或阻止敌人的进攻，美国将采取先发制人的行动。①

许多政策制定者在各种场合对《国家安全战略报告》中的内容表示赞同。例如，布什的国家安全顾问康多莉扎·赖斯(Condoleezza Rice)认为：

> 确实，自从“9·11”事件发生以后，我们的国家空前关注反恐行动。50多年来，国家安全战略从没有被推翻或被改写过。我们将继续在合适的问题上使用这些战略，但有些威胁是灾难性的——它们毫无征兆、难以追踪且无法被控制。把自杀视为圣礼的恐怖分子是不可能被阻止的。当威胁“即将来临”时，国家安全战略的制定者需要拓展新思路、制定新策略。因此，作为共识，在威胁成型之前美国必须准备好采取行动，先发制人。②

国防部部长唐纳德·H.拉姆斯菲尔德也认为：

> 保卫美国需要防御手段，有时也需要先发制人。我们不能保证在每一个可能的时间、地点都能够成功地抵御威胁。为了防御恐怖袭击和其他潜在的威胁，我们需要对敌人发动战争。在某些情况下，最好的防守就是进攻。③

---

① *US National Security Strategy*, 2002, pp.6, 15-16.

② Condoleezza Rice, “Dr Condoleezza Rice discusses President's National Security Strategy” (Washington DC: Office of the Press Secretary, 1 October 2002).

③ Rumsfeld, “Transforming the Military” (emphasis added).

前一章指出，在"防御性国防战略"中，环境安全就是在动荡地区营造一种信任与和平的环境。"9·11"事件之后提出的新的战略路线图一定会有以下问题：新形势下的国际环境安全战略是如何产生的？它的目标是什么？这些问题显然只能是假定的，因为布什总统上台之后，国防部的环保计划依然存在，整体计划被称为国防环境国际合作计划(Defense Environmental International Cooperation, DEIC)。所谓的与军事相关的环保项目也依然存在，而这些项目的预算拨款从布什总统上台之初就开始增加了(见表5.4)。

表5.4 2001—2006财年国防环境国际合作计划预算案[1]

(单位：百万美元)

财年	2001	2002	2003	2004	2005(估算)	2006(需求)
总额	2.4	2.2	2.3	3.3	3.6	3.9

然而，国内政策经验表明，有些项目虽然被完全保留下来，但其内容不一定与之前相同了，更确切地说，环境不再被视为一个安全问题。更重要的是，布什政府的国防环境国际合作计划不再隶属于美国国防部环境办公室，而直接受国防部部长办公室管辖。这意味着这些计划的目标将直接满足国防部而不是国防部副部长帮办设施和环境办公室的意愿。2005年，《环境、安全和职业健康》规定：国防环境国际合作计划和其他相关国际活动必须符合国家安全政策，要支持国防部部长的安全协作指导和战略。[2] 由于这些材料被加密，我们尚不知道国防部部长办公室的具体目标是什么。根据国防部副部长帮办设施和环境办公室2004财年发布的年度国防报告，国防部部长办公室的这些目标显然越来越少关注环境而更多关注"反恐战争"的内容。例如，2004财年的报告听起来与当时政府发布的其他新闻有些许不同，即强调"反恐战争"迫在眉睫，而关于环境的内容却很少。

> 国防环境国际合作计划是一个有效的且效益成本比率较高的计划，其主要内容包括以下几点：共享环境信息；反对大规模杀伤性武器扩散；合作保障军事训练与备战所需的资源；促进区域合作；营造符合

① All figures taken from the ODUSD - I&E, "2004 Defense Environmental Programs (DEP) Report to Congress", Section Q, p.Q4.

② Department of Defense, "Environment, Safety, and Occupational Health (ESOH) Directive", 19 March 2005.

> 道德规范的全球军事环境;加强部门之间的合作,整合目标。在 2004 财年,国防环境国际合作计划的工作重点是提高防御能力以减少"侵入问题",维持军事训练基地范围,提高区域应对自然灾害、人为事故及恐怖主义造成的灾难的能力。[①]

国防环境国际合作计划预算的增加并不意味着环境问题受到了更多的重视,而是旨在迎合更广泛的战争需求,如保障军用设施和提高军事能力[②],然而目前我们尚不清楚为何该项目在 2004 财年以后出现了变化。表 5.4 中 2005 财年和 2006 财年的数据来自国防环境计划 2004 财年向国会提交的报告,这是该计划最后一次在此类年度报告中被提到。然而针对国防部副部长帮办设施和环境办公室的调查结果,并没有确凿的证据能够证明这个办公室不再负责此项目。

我认为,在布什政府时期,国防环境国际合作计划更多地关注于如何处理战争问题,而不是环境问题。国防环境国际合作计划的项目之一是《北极军事和环境合作协定》,这进一步证明了我的论点。该项目在 2004 年依然强劲,英国加入以后,又有第四个成员国加入。尽管该项目还在不断地发展中,但是北极军事环境合作组织的主席在 2005 年曾说:"这个计划不再像'9·11'之前那样重视环境问题了,现在的重中之重是军事武装。"[③]虽然很容易得出这样的结论,即布什政府直接导致了这一变化,但迪特尔·K.鲁道夫(Dieter K. Rudolph)却坚持认为这是误解。北极军事环境合作组织的改变是因为合作成员国(英国、挪威和俄罗斯)的加入。全球合作伙伴计划只关注核材料(恐怖分子制造的脏弹)带来的威胁,而不是由核污染造成的潜在的环境危害。成员国只有按计划行事才能获得资金,所以鲁道夫认为,美国只是按照成员国的义务行事。但不可否认的是,布什政府显然并不关注环境问题以及北极军事环境合作组织项目的延展。在克林顿任职期间,无论是安全储存核燃料的问题还是土地污染问题,北极军事环境合作组织都会进行处理;布什总统执政时,环境问题不再受到关注。由于忽视了环境问

---

① ODUSD-I&E, "2004 Defense Environmental Programs (DEP) Annual Report to Congress", Q1.

② 参阅 Rear Admiral John F. Sigler, "US Military and Environmental Security in the Gulf Region", *Environmental Change and Security Project Report* (Washington DC: The Woodrow Wilson Center, 2005), p.53. "9·11"事件之后,国防环境国际合作计划的相关工作(更应该说是该项目的基本原则)"变得简单了",其原因是环境安全开始与恐怖主义联系在一起。

③ 2005 年 10 月 27 日,作者电话采访了北极军事环境合作组织主席迪特尔·K.鲁道夫。

题,因而预算资金的减少就不足为奇了。以前仅美国一个国家的年度预算就有600万美元,然而在2006财年,所有合作成员国的预算总和还不到750万美元,其中美国只有140万美元。[①] 由此可见,布什政府对扩大环境安全的国际形象并不感兴趣。事实上,在布什总统执政时美国除了国防部的计划外,就没有任何其他的国际环境安全计划了。

(二) 国务院

接下来,看国务院的情况。我们在分析国务卿的角色时,首先需要注意的是,克林顿创立的负责全球事务的副国务卿办公室在布什执政期间几乎被完好保留下来,即使在布什2004年连任之后也是如此。布什把这个办公室改名为负责民主与全球事务的副国务卿办公室,在布什执政的8年内,该办公室一直由葆拉·乔恩·多布里扬斯基领导。该办公室监管各种全球性问题,包括民主、人权、环境、健康、人口、难民、妇女、人口贩卖、禽流感和全球性大流行病。多布里扬斯基有3名助理秘书,分别工作于海洋、国际环境和科学事务局(Bureau of Oceans and International Environmental and Scientific Affairs, OES),民主、人权和劳工局(Bureau of Democracy, Human Rights and Labor, DRL)以及人口、难民和移民局(Bureau of Populations, Refugees, and Migration, PRM)。虽然看上去负责民主与全球事务的副国务卿办公室的持续存在说明环境问题受到重视,但实际上布什政府的环境外交并没有对环境问题起到很大的作用。

为了保证海洋、国际环境和科学事务局的继续存在,政府确实使用过环境外交手段,但海洋、国际环境和科学事务局一般会把全部精力集中在可持续发展政策上。[②] 既然对于可持续发展(如环境安全问题)有许多不同的解释,那么美国政府是如何理解这个词的?在2002年的一次演讲中,布什政府第一任国务卿科林·鲍威尔(Colin Powell)提出:

> 我们所谈论的可持续发展通常是指基于健全的经济体系和社会发展的政策,通过投资健康、教育和环境管理项目来发展经济,发展人类的潜能。[③]

---

① ODUSD-I&E, "2004 Defense Environmental Programs (DEP) Annual Report to Congress", Q2.

② 2005年9月8日,作者于华盛顿特区采访了海洋、国际环境和科学事务局助理秘书克劳迪娅·A.麦克默里(Claudia A. McMurray)。

③ Colin Powell, "Making Sustainable Development Work: Governance, Finance and Public — Private Co-operation" (Washington DC: Office of the Secretary of State, 2002).

可持续发展的定义在 1987 年由挪威首相格罗·哈莱姆·布伦特兰(Gro Harlem Brundtland)第一次提出,并被编辑在一篇名叫《我们共同的未来》的报告中。如果我们把这个定义与鲍威尔对可持续发展的定义比较一下,那么就会发现,在鲍威尔的讲话中,环境问题的地位显得很次要。

> 可持续发展是指既满足当代人的需求,又不对后代人满足自身需求的能力构成危害。它包含两个关键的概念:(1)“需求”的概念,应特别优先考虑世界贫困人口的基本需求;(2)“限制”的概念,即技术和社会组织对环境满足当前及未来需求的能力所施加的限制。①

事实上,从这个定义来看,鲍威尔将“可持续发展”与“发展”的概念混淆了。鲍威尔的演讲内容如下:“可持续发展是一个引人注目的人道主义问题,也是一个至关重要的安全问题。贫困与环境问题会破坏人民、社会及国家的安定,会引发国家和地区动乱。”②有趣的是,2002 年和 2006 年的《国家安全战略报告》都没有提到可持续发展,而在其他各类文件中“发展”一词大约被使用了 30 次。

> 美国将利用这个机会,在全球范围内实现“自由”。我们将积极努力地把民主、发展、自由市场和自由贸易带到世界的每一个角落。“9·11”事件告诉我们,像阿富汗这样的国家,也能像强国一样对我们的国家利益造成巨大的威胁。贫穷不会使穷人成为恐怖分子或杀人犯,然而贫困、腐败及脆弱的制度会使弱国在其境内很容易受到恐怖分子网络和贩毒集团的攻击。③

鉴于此,美国外交政策的主要目标似乎不是全球性的可持续发展(真正关注环境问题的发展),而是发展——真正的经济发展,这种发展并没有考虑环境问题。既然发展变得如此重要,那么从克林顿政府开始,对外援助的水平就应该大大提升。然而事实并非如此,相反,从美国国际开发署公开的总预算案来看,克林顿政府时期的筹资水平仍然大致保持不变,为 20

---

① Gro Harlem Brundtland (ed.), *Our Common Future: The World Commission on Environment and Development* (Oxford: Oxford University Press, 1987), p.43 (emphasis added).

② Powell, “Making Sustainable Development Work”.

③ *US National Security Strategy*, 2002, p.4 (emphasis added).

世纪80年代初以来的最低水平(见表5.5)。[①]

表5.5 1999—2009财年美国国际开发署的预算案总额[②]

(单位：亿美元)

财年	1999	2000	2001	2002	2003	2004
总额	83.31	77.38	75.06	77.16	87.63	88.38
财年	2005	2006	2007	2008(估算)	2009(需求)	
总额	89.71	96.08	74.22	75.27	82.17	

此外,对外援助预算极其错综复杂,对外援助资金的每一个项目都由不同的机构负责,而且每一项资助的计划和方案也不同。卡罗尔·兰卡斯特(Carol Lancaster)曾在1993—1996年担任美国国际开发署副署长,并写了一本关于对外援助预算的著作——《转变对外援助:21世纪的美国援助》,从中可以看出政府有时会把与实际对外援助无关的计划和方案纳入对外援助预算。她在接受关于这本书的采访时说,布什政府尤其擅长做这种混淆视听的统计。[③] 虽然布什政府的对外援助没有明显增多,他们提供给美国国际开发署的预算数据也是错误的,但是他们确实设立了一个全新的援助方案,即所谓的"千年挑战账户"(Millennium Challenge Account, MCA)计划。这项计划始于2004年,"布什政府决定拨款13亿美元用于对外援助,然后拟定于2006年开始每年增加50亿美元"[④]。其中值得注意的是,这一数目与克林顿政府每年拨款给环境安全项目的资金一样多。那么"千年挑战账户"计划的具体内容是什么?其目的是什么?2002年8月,海洋、国际环境和科学事务局对布什政府发布的关于"千年挑战账户"计划的声明做出如下解释:

---

① Jeffrey D. Sachs, "The Strategic Significance of Global Inequality", *Environmental Change and Security Project Report* (Washington DC: The Woodrow Wilson Center, 2003), p.33.

② The data for 1999—2001 is taken from the Summary of USAID Fiscal Year 2001 budget justification; data for FY 2002 from USAID budget justification FY 2002; data for FY 2003 taken from USAID budget justification to Congress from FY 2006 and data for FY 2004—2006 from USAID budget justification to Congress from FY 2007; data for FY 2007—2009 taken from USAID budget justification to Congress FY 2009.

③ 2005年9月6日,作者于华盛顿哥伦比亚特区乔治敦大学采访了美国国际开发署副署长卡罗尔·兰卡斯特。

④ Sachs, "The Strategic Significance of Global Inequality", p.32.

> “千年挑战账户”将资助各种计划以帮助发展中国家承诺执法公正、投资人民、促进经济自由，这是广泛、持久发展的基础。只有在新方案与发展中国家健全的政策相联系时，经济发展援助才能取得成功。在稳定的政策环境下，以1比2的援助方式吸引私人投资，即以1美元的援助吸引2美元的私人投资。在不良公共政策占主导地位的国家，如果政府的援助基金被用于补助不良政策和拖延改革，那么援助实际上反而会损害公民利益。进入“千年挑战账户”的资金将分发给发展中国家，这些国家都做出了坚定的承诺，即公正执政——铲除腐败，维护人权，坚持法治是成功发展的必要条件；投资于人——投资校园建设和医疗保健，提高公民教育和健康水平，带领国家发展；促进自由贸易——更开放的市场、可持续的预算政策，以及对个人主动性的大力支持将释放企业的活力和创造力，以促进经济的持久增长和繁荣。布什总统想要缩小发达国家和落后国家之间日益增长的鸿沟，“千年挑战账户”计划将给执政良好的发展中国家提供新的支持。布什总统想把每一个男人、女人和孩子都纳入不断扩大的发展范围。[①]

“千年挑战账户”计划开展了两项工作：第一，设立一系列规则；第二，利用对资金的依赖来实施这些规则。这么做的原因可以从“反恐战争”的宏大叙事中找到。布什总统曾说：“持续的贫穷与压迫会导致无助和绝望。当政府不能满足人民最基本的需求时，动荡的国家就会成为恐怖分子的避风港。”[②]总的来说，布什政府“千年挑战账户”计划的宗旨就是解决这些问题，包括全球层面的问题——全球气候变暖。

后来，在第二届布什政府任期结束时，国防部部长罗伯特·M.盖茨(Robert M. Gates)把恐怖主义与全球气候变暖问题联系起来，进一步描述了这一说法：“为了应对新的威胁，美国试图再次达成国家安全协议。我们面临的挑战并不是一个单一的实体，而是来自多方面的——恐怖主义、种族冲突、疾病、贫困、气候变化等。”[③]但是，这一举措只有在气候变暖成为第二

① Bureau of Oceans and International Environmental and Scientific Affairs, “Fact Sheet Millennium Challenge Account” (Washington DC: Department of State, 2002).

② George Bush, “Global Development, President's Remarks to Inter-American Development Bank” (Washington DC: The Office of the Press Secretary, 2002).

③ Robert M. Gates, “Speech to the Association of American Universities” (Washington DC: Office of the Assistant Secretary of Defense, Public Affairs, 2008).值得注意的是，这些对罗伯特·M.盖茨来说并不是新的领地。他在担任中央情报局局长期间曾鼓动戈尔实施美狄亚计划。

届布什政府时期的一个突出问题之后，才有可能实现。[①] 这是如何发生的，以及这对环境安全来说意味着什么，我们将在下一节中对其进行阐述。

第三节 气候变化与能源安全

直到2007年夏天，布什总统正式承认人类活动是导致全球变暖的主要因素，环境问题才最终出现在美国政府的政治议程中。关于布什政府在这个问题上立场的改变[②]，白宫科学与技术政策办公室副主任莎伦·海斯(Sharon Hays)博士做出如下解释：

> 对于政府在这方面的立场，人们有很多误解。布什总统在2001年发表了演讲，我相信他在演讲中阐述了关于气候变化的科学观点，并表达了国家科学院关于气候变化与人类归属问题的想法，而在6年前，这个问题比现在模糊多了。总统的演讲呼应了国家科学院的观点，但实际上也只是重复了联合国政府间气候变化专门委员会(Intergovernmental Panel on Climate Change, IPCC)对气候变化评估的内容。因此，不管

---

① 我和杰弗里·D.达贝尔科注意到以下逸事："2003年，安德鲁·马歇尔领导的五角大楼远景规划办公室，委托风险分析场景作家彼得·施瓦茨(Peter Schwartz)和道格·兰德尔(Doug Randall)研究气候变化是否对美国安全构成了威胁。他们利用形象化的场景假设了气候骤然变化引发的地方性'破坏和冲突'所导致的戏剧性的安全影响。在五角大楼的网站上，很少有人注意到该报告，直到《财富》杂志和随后的海外媒体错误地报道了该报告。由于该报告使公众关注到白宫与国防部对气候变化威胁评估的差异，随后，网站删除了该报告及国防部的评论内容。"Rita Taureck and Geoffrey D. Dabelko, "Profile of the United States", in Ronald A. Kingham (ed.), *Inventory of Environment and Security Policies and Practices: An Overview of Strategies and Initiatives of Selected Governments, International Organisations and Inter-Governmental Organisations* (The Hague: Institute for Environmental Security, 2006), p.3.

② 这是布什政府言论的重大转变。美国环境保护署在2002年向联合国提交了一份报告，该报告指出人为污染是导致全球变暖的主要原因，这一报告几天后被布什总统驳回。美国环境保护署空气与辐射办公室的前气候政策顾问杰里米·西蒙斯(Jeremy Symons)认为："白宫的官员试图迫使环境保护署改变科学报告的内容，以'淡化'全球气候变暖的风险。"美国环境保护署内部的一份决策文件指出，白宫官员坚持"主编"气候变化的部分，并告诉环境保护署，除了白宫的编辑之外，该部分内容"不会被进一步修改"。在内部文件中，环境保护署的工作人员表示，这份报告不再准确代表气候变化的科学共识。美国环境保护署最终把涉及全球变暖的部分从报告中去除，避免发布"不科学、不可信"的信息。Jeremy Symons, "How Bush and Co. Obscure the Science", *Washington Post*, Sunday, 13 July 2003; see also Lloyd de Vries, "Bush Disses Global Warming Report", *CBS News*, 4 June 2002, and Paul Harris, "Bush Covers up Climate Research", *The Observer*, 21 September 2003.

人类活动是否造成了自2001年以来的气候变化问题，总统与科学家们在气候变化问题上的观点是一样的。最近，总统在主要经济体会议上发表讲话，他再次引用IPCC评估内容，直接阐明政府对气候变化问题的认识。因此，总统的言论完全与科学结果同步。[①]

以下内容将说明布什对气候变化的新立场并没有转化为实际的环境保护行动，相反，第二届布什政府意识到，他们对气候变化的反应与大多数美国民众之间尚且存在着巨大的差距，更何况是国际社会。在美国，有很多州(包括共和党统治的加利福尼亚州)反对布什提出的自愿减少二氧化碳排放量的建议。加利福尼亚州在此之前已经制定了到2020年碳排放量减少25%的固定目标。加利福尼亚州公共政策研究所2006年的一项民意调查显示，此举显然受到了加利福尼亚州公民的支持。[②] 为了符合民意，第二届布什政府非常谨慎地将自己塑造成气候变化行动的拥护者。事实上，他们有意地把他们真正的目的，即实现能源独立，描述为气候变化行动。需要注意的是，第二届布什政府在察觉到公众对其缺少环境保护意识的不满后，决定对气候变化采取措施。气候变化问题比过去和现在的大多数环境问题都更受到美国的关注，当时2008年总统大选临近，第二届布什政府根本无法忽视这个问题。随后，气候变化问题成为2008年总统大选的重要议题。[③]

只有在第二届布什政府时期，能源独立问题才受到空前关注。2002年的《国家安全战略报告》提到，能源安全和石油能源独立自给是2006年《国家安全战略报告》的主要议题。这里有两个原因：其一，2005年通过的《能源政策法案》已经重新整合了美国的能源政策，“从2006年1月开始，消费者和企业购买节能省油混合动力汽车及其他节能产品，可以享受联邦税收抵免优惠”[④]；其二，美国政府发动的伊拉克战争及其在中东传播民主的真实目的已经引起了人们的关注，即美国想摆脱对国外石油资源的依赖。布什总统在2006年的国情咨文演讲中强调了这一点：“若要保持美国的竞争力，

① James Connaughton, Sharon Hays and Harlan Watson, “Press Briefing Via Conference Call by Senior Administration Officials on IPCC Report” (Washington DC: Office of the Press Secretary, 2007).

② Felicity Barringer, “Officials Reach California Deal to Cut Emissions”, *New York Times*, 31 August 2006.

③ Elisabeth Bomberg and Betsy Super, “The 2008 US Presidential Election: Obama and the Environment”, *Environmental Politics* 18 (2009), pp.424 - 430.

④ US Department of Energy, “The Energy Policy Act of 2005 Tax Credits” (Washington DC: Department of Energy, 2005).

就需要有足够的能源支持。但我们有一个严重的问题，即对石油过于依赖，而石油通常是从国外进口的，只有发展科技才能打破这一局面。”[1]2007 年 1 月，布什总统围绕能源安全的叙述已经完全被民众接受，这一问题在当时的国情咨文中占主导地位。正是在 2007 年，布什政府承认气候变化的科学性，并且从那时开始，能源安全问题总是与气候变化问题一起出现。

为了努力实现能源安全，第二届布什政府推出了一系列的政策和倡议，但通过这些倡议，我们发现，真正能够遏制温室气体的措施很少。例如，虽然布什在 2007 年 12 月签署了《能源独立与安全法案》(*Energy Independence and Security Act*，EISA)，呼应了 2007 年国情咨文中“美国的目标是未来石油使用量减少 20%”的挑战，增加了对生物燃料的使用[2]，但是从环境(安全)的角度来看，使用生物燃料会造成很多问题。各种独立的研究表明，北半球生物燃料的需求增加与南半球的粮食不足有着明显的联系。再加上社会的影响，食物短缺问题被认为增加了环境引发冲突的可能性。[3] 此外，联合国能源部门和瑞士政府的研究也表明，生产生物燃料会造成一系列负面的环境影响，包括生物多样性的丧失和地面酸度的增加。最糟糕的是，生物燃料的使用被认为能够抵消温室气体的产生，但这种平衡实际上可能是因为土壤碳含量的改变，或者是森林碳储存量以及与生产生物燃料有关的泥炭地的变化，抵消了部分或全部温室气体减排效益[4]，也可能是间接抵消，比如通过砍伐生长良好的森林来制造生物燃料[5]。

此外，布什政府推出并大肆宣传了《亚太清洁发展和气候伙伴计划》(*Asia-Pacific Partnership on Clean Development and Climate*，APP)。[6] 这一举措主要“采取自愿措施……创造新的投资机会，提高区域能力，排除障碍，引入清洁的、更高效的技术”[7]。然而，值得注意的是，气候变化本身在这个计

---

① President George W. Bush, “State of the Union”, 31 January 2006.

② President George W. Bush, “State of the Union”, 23 January 2007.

③ Oxfam Briefing Note, “Bio-fuelling Poverty: Why the EU Renewable-fuel Target may be Disastrous for Poor People” (Oxford: Oxfam International, 2007); Friends of the Earth Netherlands, Lembaga Gemawan Indonesia and KONTAK Rakyat Borneo, “Policy, Practice, Pride and Prejudice” (Amsterdam: Friends of the Earth Netherlands, 2007).

④ UN Energy, “Sustainable Bio-energy: A Framework for Decision Makers” (New York: United Nations, 2007), p.43.

⑤ Friends of the Earth Netherlands et al., “Policy, Practice, Pride and Prejudice”.

⑥ 这一举措也被称为 AP6，其中的“6”是指组成这一伙伴关系的 6 个国家，即美国、澳大利亚、日本、印度、中国和韩国。

⑦ George W. Bush, “President Bush and the Asia-Pacific Partnership on Clean Development” (Washington DC: Office of the Press Secretary, 2005).

划中不是最重要的因素。参与这项计划的政府急于强调的是,《亚太清洁发展和气候伙伴计划》不仅关注气候变暖,而且提出了一项综合举措,致力于保护能源安全、开展扶贫工作、实现可持续发展及改善全球气候变化。据负责民主和全球事务的副国务卿多布里扬斯基所说,《亚太清洁发展和气候伙伴计划》是多国融合、协作及执行力的体现。[①] 然而,评论家们对《亚太清洁发展和气候伙伴计划》的有效性表示怀疑。以 2006 年 4 月澳大利亚气候研究所的进度报告为例,该报告提出:“即使在最乐观的情况下,该协议也将导致 2050 年温室气体排放量比目前水平增加一倍,而不是大幅减少温室气体排放量,缓解全球变暖问题。”[②]

布什政府还推出了其他应对全球变暖问题的计划,如《氢经济国际伙伴计划》,该计划旨在“提供组织、评估和协调跨国研究渠道,以及开发和部署项目的机制,以推进全球氢经济的转型”[③]。固碳领导论坛关注“发展出效益更高的技术,以分离和捕获用于运输及长期储存的二氧化碳”[④]。美国政府主办的第四届国际论坛,关注与研究“新一代更安全、更实惠、更抗扩散的核能源系统,这种新一代核电站的用水量大幅降低,不排放任何空气污染物及温室气体,能够发电及生产氢气”[⑤]。最后,由于提出了 2006 年《先进能源倡议》,美国能源部获得了总额为 1.03 亿美元(增加了 22%)的资金,用于发展替代能源,目标是到 2025 年将化石燃料依赖率降低 75%。[⑥] 很明显,在这些举措中,布什政府对气候变化的承诺显得更薄弱。2007 年 9 月,美国发起首次“能源安全和气候变化主要经济体会议”,然而节能减排却不是会议的主要议题,布什在会议上说:“能源安全和气候变化是这个时代的两大挑战。美国需要认真对待这些挑战。”[⑦]会议结束之后,英国《卫报》在报道中引用了一位欧洲外交官的言论:“这是一场彻底的伪装,并且已经暴露……我从来没有听过比这更令人羞耻的主要领导人的演讲。他(布什)试图把自己打扮成一位称职的领导者,然而却没有真正发挥领导者的作用。这是一

① Paula Dobriansky and James Connaughton, “Briefing: US Participation in the Asia-Pacific Partnership on Clean Development and Climate Change” (Washington DC: Department of State, 2006).

② Cited in Gabrielle Walker and Sir David King, *The Hot Topic: How to Tackle Climate Change and Still Keep the Lights On* (London: Bloomsbury, 2008), p.213.

③④⑤ George W. Bush, “Climate Change Fact Sheet” (Washington DC: Office of the Press Secretary, 2005).

⑥ Julian Borger, “Bush Hits the Road to Take a Green Message to His Nation of Oil Addicts”, *The Guardian*, 2 February 2006.

⑦ George W. Bush, “President Bush Participates in Major Economies Meeting on Energy Security and Climate Change” (Washington DC: Department of State, 2007).

次彻底的失败。”①

外界普遍认为，美国发起这次会议是为了破坏当年12月即将到来的在巴厘岛召开的联合国气候变化大会。② 而在巴厘岛会议中，美国、加拿大及日本代表团都不愿意遵循欧洲（和其他国家）提出的相比于1990年减少25％～40％碳排放量的指标，这一结果将导致2020年的“巴厘岛路线图”不具有任何约束力。面对来自其他国家和知名人士（特别是新一届诺贝尔和平奖得主阿尔伯特·戈尔）的强烈批评，美国代表团在巴厘岛会议的谈判中坚称，巴厘岛会议不是为了谈论减排目标，而是“能够具体商量减排目标的第一步”③。这种推诿是美国代表团处理减排目标的典型方式，3名高级谈判代表（哈伦·沃森博士——高级气候谈判代表及美国国务院特别代表、詹姆斯·康诺顿——白宫环境质量委员会主席，以及负责民主与全球事务的副国务卿多布里扬斯基）模棱两可地提出，会议结果不应一味追求减排目标的设定。在巴厘岛举行的新闻发布会上，3位高级谈判代表把余下的时间都花在了表扬布什政府各种能源及气候行动计划的优点上，否认美国与其他国家之间存在分歧，认为气候变化问题不重要，并且始终强调自2001年以来，布什政府投入了约370亿美元用于气候变化及其相关项目。联邦政府2008财年在这些项目上的拨款总额达73.7亿美元。

尽管有这些数字，然而事实上，联邦政府的预算案中却没有关于气候变化项目的具体清单。相反，自2006年以来，美国政府管理和预算局（Office of Management and Budget, OMB）编制了一份《联邦气候变化和向国会提交的支出报告》，其中说明了所有与气候变化及其相关的项目支出。政策研究所的米里娅姆·彭伯顿（Miriam Pemberton）在一些细节上分析了联邦政府在气候变化项目上的投入。她认为：

> 政府管理和预算局的报告清晰地说明了联邦政府很难在预算案中列出关于气候变化项目的具体投入清单的原因，并指出即使“有些支出有利于气候变化项目”，但这些支出“不仅仅是用于气候变化的项目的”。因此，可以判断，无论联邦政府列出的气候变化支出清单中具体

---

① Anonymous, cited in Ewan MacAskill, “Europeans Angry after Bush Climate Speech Charade”, *The Guardian*, 29 September 2007.

② 参阅 Julian Borger, David Adam and Suzanne Goldenberger, “Bush Kills off Hopes for G8 Climate Change Plan”, *The Guardian*, 1 June 2007.

③ Paula Dobriansky, James Connaughton and Harlan Watson, “December 13 Press Conference by the US delegation” (Bali: Department of State, 2007).

> 有哪些项目，这些项目显然都不属于气候变化计划。例如，联邦政府拨款 180 万美元用于根除秘鲁非法种植古柯的计划与气候变化并没有什么关系。同样，2006 年政府管理和预算局在气候变化报告中提供了关于气候变化计划的更多细节，而 2007 年的报告却没有提到这些。换句话说，第二份报告变得不透明了，更容易隐藏不合理的支出。[①]

彭伯顿进一步指出，2008 财年，有 18.3 亿美元用于研究“减少与气候变化有关的基础科学的不确定性问题”[②]。但在预算拨款中，只有四分之一用于验证气候变化的科学性。其中，预算最多的项目(39.17 亿美元)是通过 7 家不同的科学研究机构来发展技术，这一项目包括在上述的政府举措中。最重要的是，预算案中不包括任何节能减排项目，所以彭伯顿的结论是：布什政府的气候变化预算案，以发展科技为主要目的，其政策是反对联邦政府设立拨款上限、关注气候科学的不确定性，反对实行有利于可再生能源替代化石燃料的税收优惠政策，这实际上是一种“牵制、拖延战术”。[③]

尽管如此，布什还是在 2008 年 4 月 16 日宣布了强制性减排目标：到 2025 年，美国将停止增加温室气体排放量。[④] 2008 年 7 月，八国集团首脑会议发表了《环境与气候变化宣言》，该宣言提出了一个目标：到 2050 年，全球碳排放量至少减少 50%。然而这一目标并没有说明其参照对象是 20 世纪 90 年代的碳排放量，还是 2008 年的碳排放水平(比 20 世纪 90 年代的碳排放量高出 25%)。此外，白宫官方网站发布了一份名为《采取额外行动应对气候变化》的情况说明来提醒我们：减少温室气体排放的方法有两种，一种是正确的，一种是错误的……错误的方式是……突然要求大幅度减排，这不仅难以实现，还会造成经济损失。[⑤]《纽约时报》外交事务专栏作家托马斯·弗里德曼(Thomas Friedman)评论布什是“最蹩脚的跛脚鸭(无能之辈)，他几乎不再嘎嘎叫了”[⑥]。不只是减排政策，从布什政府的任一政策来看，这

---

① Miriam Pemberton, “The Budgets Compared: Military vs. Climate Security” (Washington DC: Institute for Policy Studies, 2008), pp.19ff.

② Miriam Pemberton, “The Budgets Compared: Military vs. Climate Security” (Washington DC: Institute for Policy Studies, 2008), p.24.

③ Miriam Pemberton, “The Budgets Compared: Military vs. Climate Security” (Washington DC: Institute for Policy Studies, 2008), p.24 (emphasis added).

④ George W. Bush, “President Bush Discusses Climate Change” (Washington DC: Office of the Press Secretary, 2008).

⑤ George W. Bush, “Fact Sheet: Taking Additional Action to Confront Climate Change” (Washington DC: Office of the Press Secretary, 2008).

⑥ 托马斯·弗里德曼在被采访时的言论，BBC《新闻之夜》，2008 年 4 月 17 日。

一评论都来得太晚了。显然,人们只能寄希望于下一届政府把这些目标付诸行动。

然而,在能源计划方面,布什明显不是一个“跛脚鸭”。在2008年6月18日的演讲中,布什提出了四个关键点,其中有三个是确保能源安全的:第一,在大陆架外缘——20世纪80年代以来一直受到国会禁止令保护的野生动植物资源丰富的地区——进行海上油气钻井;第二,允许在北极国家野生动物保护区勘探石油,提高美国的石油产量;第三,在油页岩矿区提炼页岩油。[①] 美国的油页岩储量巨大,可开采的资源量是沙特阿拉伯已探明石油储量的3倍多,按照当前的石油消费率计算,这些油页岩储量能保障美国400多年的能源安全。然而油页岩的开采带来了许多负面的环境影响,包括当地的空气污染和水污染以及重要栖息地的消失。此外,美国能源部在页岩油生产的官方报告中提到,与常规的石油生产和炼油相比,页岩油生产将显著提高二氧化碳的排放量。此外,地表蒸馏法的高温可导致油页岩中的矿物碳酸盐释放二氧化碳。[②] 鉴于这些严重的环境污染后果,尤其是油页岩炼油项目可疑的经济收益能力,美国能源部报告的结论是——与布什的观点完全相反——页岩油生产的未来仍不能确定。[③]

布什总统并不是唯一提倡开采油页岩并以此解决能源依赖和全球气候变暖的问题的人,国防部也这样做过。国防部负责先进系统及理念的副部长办公室和负责采购、技术与后勤的副部长办公室追求一种积极的策略——促进利用国内能源资源生产更多的军用燃料(每天高达30万桶),其中有许多是利用油页岩提炼出的页岩油。[④] 国防部部长办公室的“燃料保障计划”指出,国防部可以从国内开采2.3万亿桶石油,其中的1.4万亿桶石油来自美国油页岩资源丰富的地区。[⑤] 在2005年4月向参议院能源和自然资

---

① George W. Bush, “President Bush Discusses Energy” (Washington DC: Office of the Press Secretary, 2008).

② James T. Bartis, Tom LaTourette, Lloyd Dixon, D. J. Peterson and Gary Cecchine, *Oil Shale Development in the United States: Prospects and Policy Issues*, RAND Infrastructure, Safety, and Environment Report Prepared for National Energy Technology Laboratory of the US Department of Energy (2005), p.40.

③ James T. Bartis, Tom LaTourette, Lloyd Dixon, D. J. Peterson and Gary Cecchine, *Oil Shale Development in the United States: Prospects and Policy Issues*, RAND Infrastructure, Safety, and Environment Report Prepared for National Energy Technology Laboratory of the US Department of Energy (2005), p.53 (emphasis added).

④ Office of the Secretary of Defense, “Assured Fuels Initiative Slide Show” (Washington DC: Department of Defense, 2006), p.1.

⑤ Office of the Secretary of Defense, “Assured Fuels Initiative Slide Show” (Washington DC: Department of Defense, 2006), pp.6, 20.

源委员会提交的一份书面证词中,国防部先进系统及理念办公室的西奥多·巴尔纳(Theodore Barna)解释道:"2004 年,我努力寻找了各种资源,生产清洁燃料,特别是油页岩、煤、生物质和石油焦的替代燃料,并建立了'清洁能源计划'。"[①]然而,上述美国能源部报告中关于油页岩开采的内容(有其他类似的研究支持[②])未能阐明油页岩为什么可以被划归为一种清洁燃料。

布什总统于 2008 年 11 月宣布开放落基山脉约 80 万公顷的土地用于发展油页岩工业,这是所谓的"午夜条例"的一部分。该条例于 2009 年 1 月 17 日,亦即奥巴马上任前三天生效。对许多环保人士来说,这些条例就像布什在环境政策"棺材"上钉的最后一枚钉子。英国《卫报》的乔治·蒙比奥特(George Monbiot)写道:"他(布什)的'午夜条例'——开放美洲荒野,为伐木和采矿提供便利——破坏了污染防控政策,撕毁了环保法。他在总统任期的最后 60 天里对环境造成的破坏,不亚于其在之前执政的 3 000 天所造成的破坏。"[③]

总统和国防部关于能源安全的最新声明和行动进一步证实了布什政府没有兑现应对气候变化的承诺,也没有更好地去保护自然环境。事实上,这些计划中的能源安全和气候(环境)安全目标与计划的本意背道而驰。

第四节　布什政府如何进行"非安全化"?

综上所述,我们现在可以得出结论,布什政府根本不考虑环境安全问题。下面这项事实进一步证明了这个观点:《新科学家》的评论指出,2005 年发生了许多自然灾害,然而美国境内发生的许多环境灾害并没有被归入环境安全范畴。相反,在卡特里娜飓风发生之后,布什总统将这一自然灾害在新奥尔良所造成的破坏及数千人流离失所的问题与包含"反恐战争"的叙述联系在一起。以下声明摘自白宫于 2005 年 9 月(飓风袭击美国墨西哥湾后的约两个半星期)发表的情况说明:

---

① Theodore Barna, "Written Testimony on Oil Shale and Oil Sands Resources Hearing", Senate Committee on Energy and Natural Resources, 12 April 2005 (emphasis added).

② 参阅 European Academies Science Advisory Council, "A Study on the EU Oil Shale Industry: Viewed in the Light of the Estonian Experience", a report by EASAC to the Committee on Industry, Research and Energy of the European Parliament, 2007.

③ George Monbiot, "The Planet Is Now So Vandalized That Only Total Energy Renewal Can Save Us", *The Guardian*, 25 November 2008.

> 总统已命令国土安全部立即对美国的各个主要城市进行防灾检查。城市必须制订明确的、最新的计划来应对自然灾害、疾病暴发或恐怖袭击。我们必须预先计划，在紧急情况下能够疏散大量人群，并按需提供食物、水和避难所。在这个时代，恐怖主义的蔓延和大规模杀伤性武器所带来的危险远大于地震或洪水。紧急救灾计划是国家安全工作的重中之重。①

国土安全部在2006年3月下旬发布了修订后的条例，即优先应对自然和人为的环境灾害，不同于2002年的版本，环境灾害的概念被改为“人类行为或特大灾害（如洪水、飓风、地震或海啸）所造成的破坏”②。虽然环境问题重新受到国土安全部的重视，但需要注意的是，这里与其说是环境安全问题，不如说是更为广泛的突发事件。换言之，自然灾害映射出大规模恐怖袭击可能会造成的结果，国家需要为此做好准备。2006年的《四年防务评估报告》呼应了这一观点，该报告详细叙述了国防部支持国土安全部在卡特里娜飓风、丽塔飓风，以及2004年海啸和2005年巴基斯坦地震之后进行的自然灾害救助工作。

> 在总统或国防部部长的指导下，国防部支持行政当局执行特定的法律或方案，以全面预防和阻止恐怖事件的发生，并进行战后或灾后的重建工作。卡特里娜飓风和丽塔飓风后的大量人道主义救灾行动也被列入灾后重建工作。未来，如果有其他巨大的灾难发生，国防部将利用专门的资源迅速做出反应，参与美国政府的全面救灾工作。为了有效地应对未来的灾难性事件，国防部将授权“美国北方司令部”调动国内军队和装备，防止潜在危险事故的发生。同时，国防部将设法取消“潜在事件”经费的上限。③

总体来说，克林顿执政时期的各种安全方案，在布什执政时期几乎都消失了，而且“安全”和“环境”这两个词不再被联系到一起。这种从现存威胁

① George W. Bush, “Fact Sheet: President Bush Addresses the Nation on Recovery from Katrina” (Washington DC: Office of the Press Secretary, 2005).

② “The National Security Strategy of the United States of America”, March 2006, p.47.

③ US Department of Defense, “Quadrennial Defense Review Report” (Washington DC: Department of Defense, 2006), p.26.

中移除原来的安全问题的行为，被称为非安全化行为。与安全化行为不同的是，非安全化行为是一个无声的过程。非安全化的同时是安全进程的消失。根据本书的分析框架可得出，这个问题既是政治管理导致的“政治化”，也是完全不顾政治议程，以安全政策的名义行事的“非政治化”。此外，我们需要分析，布什政府是以什么样的形式进行非安全化的？

前文提到了国际环境安全政策与措施，这是一个明显的“非政治化”的案例。该计划原来倡导的标签已经完全消失（如“合作备忘录”）或者已经转变成不再是主要处理环境问题，而是进行“反恐战争”。而戈尔的环境安全情报机构也已经基本上被解散了。戈尔的计划没能实现环境数据采集的制度化，而美国中央情报局则继续收集如森林减少和干旱等环境问题的数据。我曾发邮件给布什政府的中央情报局，请求采访负责收集环境数据的工作人员，但是却遭到拒绝，因为“每个人都在忙于‘反恐战争’事宜”。此外，布什政府的对外援助预算绝大多数用于支持“反恐战争”，“政治不稳定特别工作组”（主要人员来自克林顿时期成立的“特别工作组”）也不再把环境因素纳入分析工作中，现在的重点是打击恐怖主义。

像所有的政府部门一样，国务院也参与了“反恐”工作。分析表明，虽然布什政府的许多外交政策中都有关于“可持续发展”的内容，暗示其仍然关注环境，但实际上他们关注的是“经济发展”，而且他们对可持续发展的理解已经很少与环境有关。布什政府只关注经济发展的原因是他们认为，到目前为止，经济不发达可能会滋生恐怖主义。

通过“反恐战争”，我们可以了解到布什利用了同样的手段来应对全世界最大的环境危机——全球气候变暖。2007 年，布什终于承认了人类活动与全球气候变暖之间的联系。但是，通过对第二届布什政府气候变化政策的调查，我得出结论：他们唯一关注的是能源安全问题。布什试图减少从中东等动荡地区获得石油，摆脱美国对石油进口的依赖。为了实现这一目标，第二届布什政府支持了一批针对能源独立供给的科技项目，并结合国内外对气候变化的关注，把这些政策巧妙地伪装成应对气候变化的新举措，即伪装成环境政策。然而碳排放的约束性指标——由于缺乏技术支持而没有实施地球工程——没有被考虑，这可能是应对全球环境变化的唯一可能。此外，作为能源安全计划的一部分，布什提出的许多政策（如开发生物燃料和开采油页岩）将增加全球温室气体的排放量，更不用说对局部地区的环境破坏了。

关于国内环境安全计划，在环境“非安全化”以后，军方对环境的管理是否已经变得"政治化",这个问题就很难回答了。因此,虽然本章关于国防环境安全已经"非安全化"的观点非常明显,但这是否也导致了国防环境问题的"非政治化",却很难立论。因为政府仍然保留国防环境计划并且提供了资金支持,所以国防环境问题似乎已经被"政治化",但值得注意的是,军事环境计划的一部分——环境保护、环保达标和环境清理——在环境安全成为问题之前就已经存在了。这反过来暗示两件事情:第一,环境问题只有在首次出现时才会被政治化(在克林顿政府"安全化"这些问题之前);第二,这些问题仅仅是现有立法的一部分,既没有被安全化,也没有被政治化,而只是被制度化了。事实上,国防部唯一一次将环境问题政治化,似乎是在环境法阻碍军事训练设立"开火区"的时候——这也妨碍了"反恐"演习。[①] 从定义上来看,布什政府并没有把环境问题"政治化",更不用说将其"安全化"了,他们关注的只有军事备战。布什政府在促进环境立法方面毫无作为,即使环境法并不会阻碍军事发展,他也会抛弃环境法,原因很简单,他只是单纯不赞成环境法。如果使环境问题"政治化",情况将会完全不同,所以我们很容易得出结论,即原先国内领域的环境安全问题也"非政治化"了。与冷战时期的情况一样,"反恐战争"时期的军事安全和国防环境安全再次成为一场零和博弈游戏,很明显赢家是军事安全。

第五节 小　　结

本章分析了 2001—2009 年布什执政时期,克林顿政府的"环境安全政策与实施"发生了什么样的变化。对环境问题不仅"非安全化",同时也"非政治化"的讨论,意味着原先存在的"环境安全政策与实施"从布什政府的政治议程中消失了。克林顿重视环境安全问题是因为冷战结束,而布什无视环境安全问题是因为"9·11"事件及随后的"反恐战争"。如果没有这些事件,美国的国家安全政策会如何变化,我们不能确定。但是考虑到布什在执政之初就低估环境问题,那么,环境安全政策可能注定要消失。"9·11"事件之后,最"无关紧要"的环境安全政策从国家安全政策中消失了,随之而来的"反恐战争"获得了大量的资金支持并带来了新的任务。理查德·杰克逊(Richard Jackson)指出:"在'反恐战争'中,因为害怕恐怖袭击,所以所有的

---

① Compare with Durant, *The Greening of the US Military*, p.236.

国家安全机构，包括军事机构、执法机构和情报机构，都直接得到了额外的大量资金支持。2004 财年，美国联邦预算超过一半的资金是用于国防的，五角大楼得到的资金为3 990 亿美元。”[①]

接下来，让我们来思考一下这一切对于安全化理论和本书的理论目的来说意味着什么。最初的安全化理论认为，非安全化通常会导致政治化，我修正后的安全化理论提出了新的狭义理解——政治化只取决于正式的政治权力。非安全化可以导致政治化，也可以导致非政治化，后者被理解为政治议题从政府的议程中消失。布什政府环境非安全化的案例印证了这一逻辑，即非安全化导致了非政治化。但是，考虑到我对政治化的定义与哥本哈根学派的定义不同，因此这个案例研究在任何严格意义上都不能为哥本哈根学派的分析提供反例。事实上，美国政府的组织规模意味着哥本哈根学派或者是被其理论所启发的其他人，进行了同样的理论分析，他们可能已经找到了政治化的证据。美国政府是一个庞大的组织，因此总有一些人可以用不同的名义继续在幕后做一些相同的工作。[②] 例如，2007 年 5 月，以美国能源部情报和反情报办公室的卡萝尔·杜梅因(Carole Dumaine)为首，成立了能源与环境安全办公室。尽管这个办公室重新给美国政府贴上了“环境安全”的标签，但需要注意的是，这个办公室并不是白宫创立的。相反，这是情报和反情报办公室主任罗尔夫·莫瓦特-拉森(Rolf Mowatt-Larssen)一手创办的，他对以上问题很感兴趣。在一次采访中，杜梅因把她的办公室描述为“一个小规模运作的地下办公室，建立初期，既没有工作人员，也没有资金预算”，并补充说她的办公室“并不影响美国国防部的使命，更没有影响美国政府”。[③] 总之，这一新部门的存在并不意味着美国政府将环境安全问题重新政治化了。

鉴于我提出了不同的“政治化”的定义，那么本书在安全分析中所提出

---

① Richard Jackson, *Writing the War on Terrorism: language, Politics and Counter-Terrorism* (Manchester: Manchester University Press, 2005), p.116.

② 例如，伍德罗·威尔逊国际学者中心的杰弗里·D.达贝尔科提出，“布什政府对任何与‘环境’有关问题的厌恶，促使美国官员在幕后做了许多工作以阻碍国际论坛进展，或迫使环境安全问题被重新贴上‘灾难救助’的标签”[Geoffrey Dabelko, “An Uncommon Peace: Environment, Development, and the Global Security Agenda”, *Environment* 50 (2008), p.39]。值得注意的是，2008 年 6 月下旬，伍德罗·威尔逊国际学者中心举办了工作研讨会，与会者中至少有一些人赞同这一观点，会议还讨论了本书的草稿版。布什政府在环境安全问题上持续开展工作的一个例子是，美国国际开发署冲突管理和缓解办公室编制了“预防冲突工具包”，其中一些内容涉及了环境和暴力冲突之间的联系。

③ 2008 年 11 月 20 日，作者电话采访了美国能源部情报和反情报办公室负责能源与环境安全的副主任卡萝尔·杜梅因。

的“政治化”的狭义理解又有什么价值呢？简单的回答是，这个狭义理解能让安全分析中“非安全化”的概念更容易被阐释。如此一来，“非安全化”所导致的“政治化”和“非政治化”就能引发人们对“非安全化”的道德问题的质疑。因此，我们不能像哥本哈根学派那样坚持认为“非安全化”必然是一个积极的过程。美国的环境安全案例表明，虽然克林顿政府以政治的名义所推动的环境安全工作与“安全化”行为相去甚远，但是布什政府的“非安全化”行为更糟糕。作为安全化理论研究者，我们有责任解释“非安全化”。简单地说，我们不能让布什政府如此简单地推卸掉责任。考虑到这一点，我在下一章中将提出一种方法，以使安全化理论研究者可以对环境安全部门不同类型的“非安全化”做出道德评价。

第六章　环境安全的道德评价

哥本哈根学派认为，我们应根据结果对安全化和非安全化进行评估。同时，他们认为这两个过程将总是导致以下两个结果，即在安全化情况下的非民主化或非政治化和在非安全化情况下的政治化，安全化是一个在道德上错误的过程，而非安全化是一个在道德上正确的过程。然而，对克林顿政府和布什政府时期的美国环境安全政策的案例研究表明：(1) 并非所有的安全化都是相同的，安全化在他们受益的方面有所不同；(2) 非安全化并不总是导致政治化，也可以导致非政治化。如果我们采纳哥本哈根学派的说法，那么我们就应当认真地评价安全化和非安全化的结果，但重要的是某个过程并不总是具有相同的结果。换句话说，哥本哈根学派对这两个过程的评价是不完整的。在本章中，我试图提供对环境安全化(包括非安全化)的道德评价，以说明这两个过程的不同结果，并让这两个过程的结果成为道德评价的标志。在道德哲学中，这类方法被视为道德标准的结果主义进路。

第一节　结 果 主 义

结果主义理论认为，"判断某个特定的选择是不是一个主体做出的正确选择的方法是，观察这一选择所导致的相关结果，即对世界产生的相关影响"[①]，这是一个很有效的原则。这样，即使非结果主义者也不能不考虑在他们的建议中什么是道德上正确的行动。约翰·罗尔斯(John Rawls)指出，所有值得我们关注的伦理学学说都要在判断公正性时对结果加以考虑，否则那个学说就是非理性的、疯狂的。[②] 尽管结果在所有的道德推理中都占据

① Philip Pettit, "Introduction", in Philip Pettit (ed.), *Consequentialism* (Aldershot: Dartmouth Press, 1993), p.xiii.

② John Rawls, *A Theory of Justice* (Cambridge MA: Harvard University Press, 1971), p.30.

着重要作用，但结果主义的格言，即正确的行为是对最佳结果的最大化，却不具有相同的作用。罗尔斯反对结果主义，因为它缺乏对“善”的独立定义。对于罗尔斯来说，一个结果主义主导的社会是“在正确的秩序引导下进行的，因而当社会主要机构致力于达到这个社会所有个体的总的最大满意度时”①，它就不可能做到公平公正。这是因为，这样一个社会没有考虑到“这样的总体满意度如何分配给个人”②，以致潜在地允许少数人获取越来越多的收益，同时无视更多人的苦难。另一种反对结果主义的言论是，如果这种行为使更为重要的总体利益最大化，那么它可能就会促使个人做残酷的事情(如谋杀或拷打)。③ 这种反对观点取决于一种信念，这种信念认为确定的善是必不可少的。例如，无辜者的权利不应被剥夺，否则将使更多的无辜者死亡。④ 相比较而言，这只是对结果主义的两个突出的反驳。相应地，结果主义者对这些反对意见进行了相当详细的讨论，而在对道德的正确解释是不是结果主义这一问题上则是有争论的，这一争论是道德哲学中最基本的辩题之一。支持结果主义观点的最有说服力的论证之一是，价值提升是最合乎逻辑的行动方式。借用结果主义哲学家蒂姆·莫尔根(Tim Mulgan)的话来表达就是：

> 推进结果主义最简单的方法是把它视为一种发展的思想，即道德或道德行动应能够使世界变得更加美好。更有甚者认为，这种观点是结果主义学说的定义。一个更温和的表述是，尽管去想象非结果主义的道德理论是可能的，但回应任何价值问题的最理性的方式是提升它。⑤

结果主义者以好的结果来定义道德。结果主义是一种关于正义的理论，但是它没有告诉我们什么是好的结果。正如当代美国哲学家彼得·雷尔顿(Peter Railton)所说，即使一个人接受了结果主义，除非他说得出什么是善，否则他就没有接受任何道德学说。⑥ 结果主义者认为，当一个行为可以被一个主体中立的

---

① John Rawls, *A Theory of Justice* (Cambridge MA: Harvard University Press, 1971), p.22.

② John Rawls, *A Theory of Justice* (Cambridge MA: Harvard University Press, 1971), p.26.

③ Thomas Nagel, "War and Massacre", in Samuel Scheffler (ed.), *Consequentialism and its Critics* (Oxford: Oxford University Press, 1988), pp. 52ff; Elizabeth Anscombe, "Modern Moral Philosophy", *Philosophy* 33 (1958), p.10.

④ James Griffin, "The Human Good and the Ambitions of Consequentialism", *Social Philosophy and Policy* 9 (1992), p.120.

⑤ Tim Mulgan, *The Demands of Consequentialism* (Oxford: Clarendon Press, 2001), pp.13 - 14.

⑥ Peter Railton, "Alienation, Consequentialism and Morality", reprinted in Samuel Scheffler (ed.), *Consequentialism and its Critics* (Oxford: Oxford University Press, 1988), p.108.

价值进行判断的时候，这个行为在道德上就是正确的。[1] 主体中立性是那些可以在不参考评价者主观意愿的情况下阐述的价值属性。[2] 详细论述如下：

> 如果我看重的是某个行为在增加幸福感方面的前景，或者它会产生的一个特定效应，如对地球产生的影响，那么我对该行为的评价就是中性的。如果我看重的是它为我带来的好处，或它能够让我的双手保持干净，或任何理由的自指的事实，那么它就是与主体相关的。善的理论或关于价值的理论，指的是什么应该是主体中立评价的理论。[3]

结果主义者所提倡的最基本的价值单元之一是人类福祉。将人类福祉作为最高价值的理论就是所谓的福利主义理论[4]，尽管可以预料的是支持者可能对其确切含义意见不一。如果远离道德哲学，幸福则常常被理解为当人类生存所必需的基本需求（如食物、住房、水等）得到满足时所达到的条件。然而一些人在基本需求得以满足的情况下，宁愿以牺牲基本需求为代价来换取欲望的满足，这个事实表明，满足人类生存的基本需求不足以造福人民。[5] 鉴于这一点，一些道德哲学家认为，幸福不是对基本需求的满足，而是对欲望的满足。但是，这样的解释面临着许多问题。关于通过实现实际欲望获得幸福的解释是，幸福感与需求的义务动机相分离，只要人们得到他们想要的东西，就能获得幸福感。为什么任何人——包括国家——应该给予人们任何他们想要的，尤其是考虑到这些幻想可能会发生变化，其中的原因并不清晰。[6] 更复杂的欲望满足理论不是基于人们的实际欲望决定的期望，而是基于"那些仅当我知晓、反思和变得理性后，或者他们要求我的欲望不是基于某种条件或源于某些不良心理机制的时候，我所拥有的欲望"[7]，幸

---

① 一些道德哲学家认为，我们可以从一个理论是主体中立还是主体相关的角度来区分结果主义和非结果主义。参阅 David McNaughton and Piers Rawling, "Honoring and Promoting Values", *Ethics* 102(1992), pp.835 - 843. For a critique see Douglas W. Portmore, "Can an Act-consequentialist Theory be Agent Relative?" *American Philosophical Quarterly* 38(2001), pp.363 - 377.

② Philip Pettit, "Introduction", pp.xiii-xv.

③ Philip Pettit, "Introduction", p.xv.

④ Roger Crisp, "Well-Being", in Edward N. Zalta (ed.), *The Stanford Encyclopedia of Philosophy* (2008 revised edition).

⑤ James Griffin, *Well-Being: Its Meaning, Measurement and Moral Importance* (Oxford: Clarendon Press, 1986), pp.40 - 47.

⑥ James Griffin, *Well-Being: Its Meaning, Measurement and Moral Importance* (Oxford: Clarendon Press, 1986), pp.47 - 51.

⑦ William H. Shaw, *Contemporary Ethics: Taking Account of Utilitarianism* (Oxford: Blackwell Publishers, 1999), p.55.

福便是对明智欲望的满足[1]。考虑到人们在明智欲望的内容上无法达成一致,因而这种方法也存在问题。同样的批评也可以适用于所谓的客观清单理论,这种理论将人类福祉视为包含确定的客观价值(和无价值)的事物,同时不依据本人的喜好、意愿来判断这些事物的好坏。[2] 简而言之,虽然所有关于幸福的理论都取得了一定的进展,但没有一个理论能充分地解释幸福,关于幸福最可信的叙述似乎是所有这些理论的结合。牛津大学哲学家德里克·帕菲特(Derek Parfit)提出了这一点,我在这里引用了他在一篇文章中提到的观点:

> 整体的价值可能不等于它的部分价值之和。我们应该宣称,对人类最好的事物是混合物。这种混合物不只是意识到的、想要达到的状态,也不只是拥有知识、参与理性活动、具有审美意识等。什么对人是真正有益的?不是享乐主义者所主张的,也不是客观清单理论者所声称的那样。我们也许会相信,如果我们只信奉其中的一个观点而不承认另一个观点,我们将拥有很少的价值甚至无法拥有价值。例如,我们可能会说对人有益的就是拥有知识、参与理性活动、经历彼此相爱的过程以及能够感知美。由此看来,双方都只看到一半的真相。每一方都提出了足够必要但并不充分的理论。带有许多其他目的的快乐是没有价值的,但如果他们完全被剥夺了快乐,那么知识、理性活动、爱情或审美意识也将不具有价值,有价值或对人们有好处的事物应该是两者兼备。[3]

人们常常认为,一个多功能的、自然的非人造环境对人类福祉至关重要。例如,以人类学为研究中心的环境伦理学家认为,环境只具有工具性价值,这意味着环境的价值仅仅取决于它对人类的有用之处。在最基本的层面上来说,这意味着如果没有空气、水源和适宜的气候,人类就不可能存在——至少不能以他们之前及现有的方式而存在。举个例子来说,这意味着人类福祉与对自然美的欣赏或从乡间散步中获得的乐趣密切相关。[4] 环境对人类有工具性价值的观点是最被普遍接受的环境价值观。我们如果接

① Griffin, *Well-Being*, p.75.

② Shaw, *Contemporary Ethics*, p.56.

③ Derek Parfit, *Reasons and Persons* (Oxford: Clarendon Press, 1984), pp.501–502.

④ Compare with Peter Singer, *Practical Ethics*, 2nd edition (Cambridge University Press, 1993), p.272.

受这种观点，同时关注人类福祉，那么就需要意识到两件事情：(1) 无论人们是否意识到这点，关注环境都已经与他们自身的利益相关联；(2) 关注环境需要采取具体的形式，“为了人类福祉，我们应该非常仔细地管理环境”①。在这一点上，“受益”的概念已经发挥了重要作用，在下文中它对评价环境安全来说也至关重要。

第二节　环境安全的道德评价

我的出发点是，在安全化理论架构下，如果安全是关于生存的问题，而目标是道德评价，那么在逻辑上的后续问题就必须是谁或什么应该生存。环境安全的支持者倾向于关注以下三个生存候选者：民族国家(包括其安全机构)、人类(文明)、生态系统(生物圈)。相应地，我们可以说环境安全有三大类，包括环境安全作为国家安全、环境安全作为人类安全、环境安全作为生态安全。环境安全作为国家安全，包括国防环境安全和环境变量，这些都可以在暴力冲突中发挥作用。我们已在案例研究的背景下对环境安全作为国家安全进行了讨论，但其他两类尚未被提及。

支持环境安全作为人类安全这一观点的人认为，由于环境威胁不涉及领土边界，真正的环境安全只有在摆脱传统上以国家为中心的威胁和防御关系时才能实现。这并不是说，国家在维护人类安全上变得多余，相反，支持上述观点的人认为：“人类安全不能与国家的运作分离，国家在为经济发展提供机遇、实施维持人们生计的措施上至关重要。”②

支持环境安全作为人类安全这一说法的人关注如生态依存、人权、全球化的影响，以及北半球的消费模式对南半球的影响等问题。③ 对于他们来说，威胁的根源在于环境长期退化的危险，如全球变暖、物种灭绝、空气污染、水污染、生物多样性减少和臭氧消耗，这些都是非暴力问题。这种类型

① Clare Palmer, “An Overview of Environmental Ethics”, in Andrew Light and Holmes Rolston III (eds.), *Environmental Ethics: An Anthology* (Oxford, Blackwell, 2003), p.18 (emphasis added).

② Jon Barnett and W. Neil Adger, “Environmental Change, Human Security, and Violent Conflict”, in Richard A. Matthew, Jon Barnett, Bryan McDonald and Karin L. O'Brian (eds.), *Global Environmental Change and Human Security* (Cambridge MA: MIT Press, 2009), pp.128 - 129 (emphasis added); see also Rita Floyd, “Human Security and the Copenhagen School's Securitization Approach”, *Human Security Journal* 5 (2007), p.44.

③ 参阅 Simon Dalby, *Environmental Security* (Minneapolis: Minnesota Press, 2002).

的环境安全通常被约定俗成地描述为："通过从根源上解决环境退化和人类不安全问题，逐渐减少因人类活动引起的环境退化给人类带来的不良影响。"①

联合国是环境安全作为人类安全的最主要的倡导者，联合国发布的《1994年人类发展报告》为人类安全概念奠定了基础。该报告还包括环境安全的内容，最近联合国一直将气候变化问题作为一个安全问题来讨论。《2007/2008年人类发展报告》以气候变化为主题，重点关注人类的子孙后代和世界上最贫穷的人，后者不仅将首先受到气候变化的不利影响，而且在很大程度上因为缺乏适应环境的必要能力而将受到最严重的影响。这对人们提出了警告，气候变化对人类发展造成了巨大的威胁，在某些地方甚至已经削弱了国际社会减少贫困的努力。② 值得注意的是，《2007/2008年人类发展报告》预见了传统的安全机构（如军队等）在联合国建议的解决办法中并不能起到什么作用，它强调只有全球合作才能减少二氧化碳排放量。

生态安全的支持者大部分是各种环境保护者和非政府游说组织，也有一部分是关注环保的绿党。生态安全以深绿色生态思想为基础，关注生物多样性减少、气候变化等非暴力环境问题。深绿色生态思想有两个主要组成部分：自我实现，这意味着需要识别与更大的有机实体相联系的自我；以生物为中心的平等，即所有物种平等的原则。③ 从这一点可以看出，在生态安全的概念下，人类只是作为一个更大的生态系统的一部分而得到保护，并且得到保护的方式与其他物种是相同的。④ 生态安全的支持者认为，尽管国际权力结构是如何构成的不会与全球环境变化直接相关，但是国际权力结构确实推动了全球环境的变化。⑤ 这些权力结构可以分为三类：社会/文化的（价值观和父权制度）、政治的（国家体制）和经济的（全球化、霸权主义和资本主义）。生态安全只有在这些权力结构被摧毁，或者至少改变为提倡在保护生态系统的基础上实施可持续生产方式时才能实现。因此，一般来说，人类负

---

① Jon Barnett, *The Meaning of Environmental Security: Ecological Politics and Policy in the New Security Era* (London: Zen Books, 2001), p.129.

② UN, Human Development Report 2007/2008, *Fighting Climate Change: Human Solidarity in a Divided World* (New York: United Nations Development Programme, 2007), pp.v, vi.

③ Bill Devall and George Sessions cited in John S. Dryzek, *The Politics of the Earth* (Oxford: Oxford University Press, 1997), p.156. See also Barnett, *The Meaning of Environmental Security*, ch.8.

④ Dennis Pirages, "Demographic Change and Ecological Security", *Environmental Change and Security Project Report* (Washington DC: The Woodrow Wilson Center 1997), p.37.

⑤ Matthew Paterson, *Understanding Global Environmental Politics: Domination, Accumulation and Resistance* (Basingstoke: Palgrave, 2001), pp.35ff.

责保护生态安全，因为只有人类才能改变现有的生态破坏模式，并实施保护生态系统的关键措施。

从福利后果论的角度来看，将环境安全作为人类安全在道德上是被允许的，因为只有在这种方法中，个人的安全化才能得到保证——这一点应该被确定下来。生态安全始于完全不同的前提，这种观点认为环境的重要性不是因为它对实现人类目的至关重要，而是因为生态系统具有独立于其组成个体的内在价值。① 这里需要注意的关键点是，人类并不比整个生态系统的其他生物更有价值。因为绝大多数包括气候变化等环境问题是人为的，所以人类本身是导致环境（或更好的生态）不安全的主要因素。假如这是成立的，那么我们就可以有依据地想象一个带有奇特措施的安全化。事实上，一个著名的生态中心论者认为："在道德体系中带有愤世嫉俗特点的主张越多，该体系的生态性就越强，人类数量总体上应该是熊的两倍左右。"②虽然这种措施可能不会针对这一代的人类，但会对其后代产生负面影响。因为人口增长是个有争议的话题，而且常常被视为环境问题扩散的重要诱因，所以更会如此。③

从福利后果论的立场出发，作为国家安全的环境安全问题与生态安全问题同样严重，然而它们的成因完全不同。人们只有在优先考虑环境问题的国家中才能获得保护，虽然这并不一定是个问题（至少对生活在这个国家中的人来说是这样），但是克林顿政府的环境安全政策表明，这种优先次序并不意味着我们现在的环境问题会在安全模式下得到解决。相反，环境安全可能只不过表现为军队清理受污染的基地，更直接地说，表现为军队最终会遵守现有的环境法规。环境安全作为国家安全的另一个问题是，支持者探寻了与环境自身相关的威胁来源④，环境退化只有在威胁军事战备或导致暴力冲突时才会被关注。因此，环境安全作为国家安全是过去传统的威胁防御关系的一部分，它只是预先存在的安全概念的一个附加部分。安全因素仍应由国家负责，只是不安全的诱因已经改变——从军事上的敌人变为

---

① Robin Attfield, *Environmental Ethics* (Cambridge: Polity, 2003), p.192.

② Palmer, "An Overview of Environmental Ethics", p. 24. See also the chapter by J. Baird Callicott in the same volume. Callicott is the originator of the bear-human population balance statement.

③ Betsy Hartmann, "Rethinking the Role of Population in Human Security", in Richard A. Matthew, Jon Barnett, Bryan McDonald and Karin L. O'Brian (eds.), *Global Environmental Change and Human Security* (Cambridge MA: MIT Press, 2009), pp.192 - 214.

④ Dalby, *Environmental Security*, p.22.

环境退化。[1]

虽然毫无疑问，上述问题被环境安全的支持者视为国家安全问题来对待是重要的，但将其看作传统的国家安全的组成部分却是不明智的。究其原因，国防措施的绿色化和各种环境冲突议题各不相同。就国防环境安全而言，安全公式只是依靠传统的安全机构处理环境问题而达成的。在这种理解中，将某个事物当成安全问题并不是因为这个问题的本质，而是因为这个事物(环境)受到了传统的安全机构的处理。因此，这种措施实际上造成了代理人获益的安全化。

在潜在的暴力环境冲突的情况下，我们很容易得出安全公式，但安全化不是安全公式发展的方向。虽然解决环境问题有可能是旧的防御威胁关系的一部分，但在本质上这些环境问题与一般意义上的威胁不同。从环境安全的支持者的核心观点来看，所有环境问题都是共同的问题。例如，环境冲突一开始看起来似乎只在相当有限的领域内产生影响，然而这种冲突往往都与全球政治经济的动态有关。[2] 此外，抛开了拯救陌生人的道德义务的问题[3]，在环境压力作为暴力冲突的一个诱因目前局限于发展中国家的同时，冲突引起的环境移民问题涉及我们所有人[4]。总之，共同的环境问题只能通过国际合作来解决，而且典型的安全困境表明，国家安全阻碍了国际合作。[5] 在短期内，一些富裕国家可能有能力抵御环境问题的副作用。例如，可以采取更严格的边境管制，努力阻止环境移民(environmental migrants)[6]，同时，如有必要，可通过武力获取稀缺资源。但重要的是，这些行动没有一个能从根源上——发展不足和贫穷——解决问题；他们只是处理环境不安全对国家的一些预期的不利后果，但环境问题还是增加了。[7] 因此，从长远来看，环境安全作为国家安全是适得其反的。

总之，环境安全作为国家安全或生态安全的结果都不利于增进人类福

---

① Paterson, *Understanding Environmental Politics*, p.20.

② Nancy L. Peluso and Michael Watts (eds.), *Violent Environments* (New York: Cornell, 2001).

③ Nicholas J. Wheeler, *Saving Strangers: Humanitarian Intervention in International Society* (Oxford: Oxford University Press, 2000).

④ Thomas Homer-Dixon, "On the Threshold: Environmental Changes as Causes of Acute Conflict", *International Security* 16 (1991), p.113.

⑤ Marc A. Levy, "Is the Environment a National Security Issue?" *International Security* 20 (1995), pp.47ff.

⑥ 例如，印度目前正在建设一个长达约 402.336 万米的围栏，以防御孟加拉国洪灾灾民和环境移民。

⑦ 很明显，现在有证据表明"人类不安全增加了暴力冲突的风险"(Barnett et al., "Environmental Change, Human Security, and Violent Conflict", p.128)。

祉。前者仅仅有利于国家及其安全机构,而后者也只是有利于整个生态系统。虽然人类被看作生态系统的一部分,但也需要处理自身所面对的威胁来源,这些威胁对人类生活,特别是对我们的子孙后代可能会造成有害的后果。

只有将环境安全作为人类安全才能直接有益于人类。与将环境安全作为国家安全不同,将环境安全作为人类安全并不旨在仅仅包含一些预期的环境变化的不利后果,以及在环境功能恶化之前有效地保护相关人员或者环境变化的主要受害者,即环境移民。相反,它旨在通过(全球)合作措施寻求解决环境变化的根本途径,其最终目标是为我们所有人建立一个健康的、良好运转的生态系统。重要的是,对于人类安全来说,环境既不是对国家安全产生负面影响的危害者,也不和人类生存具有同等价值。相反,这种方法强调了福祉与良好环境之间基本的相互依存关系。这是一个在道德上正确的进程,因为它是一个有利于人类福祉的政策议程,相比之下,环境安全作为国家安全和生态安全则被视为在道德上根本错误的过程。

现在让我们来谈谈非安全化的问题。我在本书中提到,非安全化可以采取两种具体形式:非安全化作为政治化和非安全化作为非政治化。由于存在这两种不同形式的非安全化,所以并不是所有的非安全化在道德上都是平等的。如果实现非安全化只能采取两种截然不同的形式,那么看似可信的是,在环境安全部门中,一种形式在道德上是正确的,而另一种形式在道德上必然是错误的。为了揭示这个部门在道德上允许哪种形式存在,我首先考虑这样一个问题:全球环境问题是否应该成为高度政治化的问题?如果答案是应该,那么在环境安全部门,非安全化的政治化过程在道德上就是被允许的,而将其非政治化则不被允许。重要的是要注意,提出上述问题时,我并不是在问全球环境问题是否或应该涉及国家的利益——这是一个高度政治化的定义;相反,我关注的是它们是否应该由正式的官方机构即国家领导层来处理。[1] 因此,这里的高度政治化就照应了我在本书中所谈及的政治化。

从环境是人类福祉的必要条件这一观点出发,全球环境问题是否应由当权者处理,答案是肯定的。虽然有时非政治化的做法(如市场主导的解决方案)可以为特定的环境问题提供解决方案,但在绝大多数情况下,对环境问题采取政治解决方案是必要的。[2] 几乎所有针对环境问题所采取的行动只能作为政治解决方案的一部分,尤其是全球环境制度。

---

① 若要了解更多的关于高级政治和精英结构的信息,请参阅 Graham Evans and Jeffrey Newnham, *The Penguin Dictionary of International Relations* (London: Penguin Books, 1998), p.225.

② Anthony Giddens, *The Politics of Climate Change* (Cambridge: Polity, 2009), pp.5, 91.

以全球气候变化问题为例,联合国政府间气候变化专门委员会于2007年年初公布了第四份关于气候变化的评估报告,并就以下两个方面达成共识:第一,全球气候变化正在发生;第二,人类活动是导致全球气候变暖的主要原因。自从这个消息被传播以来,我们已经提出了无数的解决方案来抑制二氧化碳排放量的增长。其中一些方案是依赖诸如碳捕获、碳存储或混合动力汽车和替代(绿色)燃料的开发等技术。其他解决方案是通过各种形式(如总量管制、贸易计划或联合执行等)进行排放量交易,这是从经济学的角度来解决问题。至少在一些地区,一种技术和经济组合的解决方案——可再生能源——现在被视为重要的商机。例如,在德国东部,太阳能工业正在复兴莱比锡城和法兰克福(奥德)郊区已经衰败的工业。尽管所有这些解决方案自身都是有价值的,但是这些解决方案将对那些已经致力于气候行动的人来说更有吸引力。我们当前所需要的是一个强制每个人采取气候行动的政治措施,是一项"后京都全球环境条约"。[①] 由于全球环境条约只可以由权力掌握者单独签署,因此,全球环境问题应该成为政治议题,这点毫无疑问。由此,在环境安全方面,我们可以得出结论:在几乎所有的情况下,非安全化作为政治化过程在道德上是正确的,而非安全化的非政治化过程则是一种道德上的错误。

第三节　小　　结

本章在环境安全方面讨论的道德正确和道德错误的安全化和非安全化是有意义的,因为它们使得安全化研究者能向潜在的安全化行动者提供关于如何安全化或非安全化的具体建议。在这种道德评价的基础上,我指责克林顿政府的环境安全政策是一种道德上错误的安全化,行政部门制造了环境安全作为人类安全的假象,在这种环境安全论中人类不是环境安全的受益者。相反,正如第四章清楚地表明,这种政策的受益者是安全化的行动者。我的评价框架使我能够进一步剖析哥本哈根学派对非安全化的片面观点。非安全化会导致政治化和非政治化,而且在环境安全方面,后者在道德上是错误的。正是在这个基础上,我认为布什政府在环境安全方面所做的事是不符合道德的行为。

---

① Gabrielle Walker and Sir David King, *The Hot Topic: How to Tackle Climate Change and Still Keep the Lights On* (London: Bloomsbury, 2008), p.96.

第七章　结　论

本书的目的是修正哥本哈根学派有影响力的安全化理论，以便能够洞察安全化主体的意图，并允许环境安全部门对安全化和非安全化进行道德评价。毫无疑问，对安全化行动的原因进行解释是安全分析中最重要、最有趣的问题之一。每当世界发生与政治有关的重大事件（如“9·11”事件或2003年的伊拉克战争）时，我们的朋友和家人——突然想起我们的谋生之道——就会问：为什么会发生这种情况？他们（恐怖分子、国家和政治家等）为什么要这样做？当然，如果我们告诉朋友和家人，安全化研究者不能表达任何有价值的意图，他们一定会感到诧异。如果他们知道我们只是满足于简单地分析谁在什么情况下做了什么，以及会有什么效果。毫无疑问，他们会认为我们只是分析了一半，我们避开了最有趣但也最有挑战性的任务。

哥本哈根学派认为，我们无法知道安全化主体的意图，这一方面是因为哥本哈根学派混淆了哲学上的“动机”和“意图”这两个概念，另一方面是因为他们厌恶与实证主义分析相关的因果理论。正是因为这一点，所以安全化理论经常被描述为一个构成说，在亚历山大·文特（Alexander Wendt）的术语中，安全化理论不是与反映前因后果的“为什么”的问题相关，而是与构成“如何可能”的问题相关。[①] 然而米丽娅·库尔基（Milja Kurki）指出，这种差异连同后实证主义对因果分析的厌恶，是基于对“原因”的一个狭隘的经验主义理解，其中该术语仅指可观察的规律性的确定的原因。[②] 她还指出，不管国际关系理论家的理论立场是什么，他们都参与了因果分析。例如，后结构主义者强调话语或理论构成在社会生活中的作用，他们这样做的原因是，这些话语或理论通过建构主体的知觉和推理对主体如何感知世界、自

① Alexander Wendt, *Social Theory of International Relations* (Cambridge University Press, 1999), pp.78ff.

② Milja Kurki, *Causation in International Relations: Reclaiming Causal Analysis* (Cambridge University Press, 2008), p.6.

身、他人以及他人的行动产生了影响。[①] 为了弥合因果理论与国际关系理论之间人为构成的鸿沟，库尔基提出了另一种从科学实在论中借用的有关原因的定义，这个定义指的是“世界上所有导致、产生、指导或促成事态变化的事物”[②]，包括话语、意图和言语行为。我对安全化的重新定义非常符合库尔基的提议。她在著作中指出了包括意图作为原因的因果分析，完美地适配安全化理论，令人十分信服。正如我试图表明的，关于结果，它们已经隐含地成为安全化分析的一部分（根据维夫所预计的非安全化的结果，他认为安全化研究者有责任指出非安全化是可以被理解的）。我认为，以这种用意图和结果来调整安全化理论的方式，不仅使安全化理论更连贯，还使得安全化理论对那些主流的安全化研究者（他们唯一的关注是因果分析），以及那些希望进行安全研究的研究者（不管他们的学科立场如何）更具有吸引力，这些研究者不仅要在安全实践方面有所见解，而且还要考虑一些线索以及我们将来如何引导这种实践。

我对美国环境安全的全面分析，包括对环境安全的道德评价是特别及时的，因为如果在气候安全的标签下，环境安全则注定要被纳入美国国家安全。奥巴马总统认为气候变化是一个安全问题。[③] 美国情报界认为：“全球气候变化将在未来 20 年对美国国家安全利益产生广泛影响。”[④]国务卿希拉里·罗德姆·克林顿（Hillary Rodham Clinton）宣布，气候变化“不仅仅是一种科学现象，还是一个政治挑战，一种经济力量，也是一个安全威胁和道德命令”[⑤]。美国国防部认为，气候和环境压力的不确定性影响着未来的战略环境。[⑥] 虽然对气候安全的意义尚未达成共识[⑦]，但在美国，以国家为中

① Milja Kurki, “Causes of a Divided Discipline: Rethinking the Concept of Cause in International Relations”, *Review of International Studies* 32 (2006), p.212.

② Milja Kurki, “Causes of a Divided Discipline: Rethinking the Concept of Cause in International Relations”, *Review of International Studies* 32 (2006), p.202.

③ Steve Holland, “Obama Says Climate Change a Matter of National Security”, *Reuters*, 9 December 2008.

④ Thomas Fingar, “2008 National Intelligence Assessment on the National Security Implications of Global Climate Change” (Washington DC: US Senate, House Permanent Select Committee on Intelligence and House Select Committee on Energy Independence and Global Warming, 2008).

⑤ Hillary Rodham Clinton, “Remarks at the State Department's ‘Greening Diplomacy’ Earth Day event”, 22 April 2009 (emphasis added).

⑥ US Department of Defense, “2008 National Defense Strategy” (Washington DC: Department of Defense, June 2008), pp.4, 5.

⑦ Rita Floyd, “The Environmental Security Debate and its Significance for Climate Change”, *The International Spectator* 43 (2008), pp.51 - 65.

心的气候安全方法占主导地位，而气候安全的一些最积极的支持者与军方有着密切的联系。事实上，在气候安全辩论中，发言最多的是一些与谢丽·W.古德曼、安东尼·辛尼、詹姆斯·伍尔西和莱昂·富尔思一样来自克林顿政府环境安全中心的人员。古德曼和辛尼与10名退休的海陆军将军于2007年为海洋分析中心编制了一份题为《国家安全与气候变化威胁》的报告。该报告完全符合旧的国防环境安全方法。一方面，它强调了国防部和情报界在这一新的领域中的作用，如环境灾害预防和地区救济，它还承认资源短缺可能会引发暴力冲突。另一方面，该报告侧重于分析气候变化对美国国家安全机构的影响，也比较关注将受到海平面上升影响的地区的国防部设施。这意味着气候变化应该被看作对国家安全的威胁，军队在其中发挥着重要的作用。2007年，美国战略与国际问题研究中心和新美国世纪中心发布了一份名为《后果降临的年代：全球气候变化对外交政策和国家安全的含义》的报告，这也是一份由多位作者起草而成的文件。该报告确认了气候变化与恐怖主义之间的密切联系，并假定美国能源经济转型是这两个问题的解决方案。①

虽然这些报告不是政府官方政策的一部分，但其重要性不应被低估，他们提出的一些建议很可能成为奥巴马政府安全议程的一部分。华盛顿的民主党很重视由海洋分析中心编制的报告。古德曼已经向参议院能源和商业委员会、能源和空气质量小组委员会证实了该报告。该报告得到了参议员约翰·克里的关注，以他为首的参议院代表团参加了2008年12月在波兰波兹南市举行的联合国气候会议。也许我们最应该关注的是，海洋分析中心报告的成果在国会授权颁布的《国防战略报告》和《国家安全战略报告》中有所贡献，这两个战略在气候变化方面必须能够指导军事规划者采取以下措施：(1) 评估预测气候变化对现在和今后的武装部队执行战斗任务时的风险；(2) 根据这些评估来更新国防计划，包括与盟国和合作伙伴合作，以整合缓解气候变化的战略、能力建设及相关的研究与开发等防御计划；(3) 提高可减少对未来产生的负面影响所需的能力。②

这些发展表明，正如克林顿政府所主张的环境安全那样，气候安全将首

① Kurt M. Campbell et al., *The Age of Consequences: The Foreign Policy and National Security Implications of Global Climate Change* (Washington DC: Center for Strategic and International Studies and the Center for a New American Century, 2007).

② United States House of Representatives, "National Defense Authorization Act for Fiscal Year 2008" (Washington DC: US Congress), section 931, p.276.

先是军事准备的可能性条件。因此,气候安全可以使那些对环境问题缺乏兴趣的政策制定者隐藏起来,那些不愿意签署固定碳排放计划的国家可以说,他们关心气候,甚至认为它关乎国家安全,但在气候变化的不利影响面前,他们除了确保军事设施的安全之外,几乎没有做什么其他的工作。然而,历史不一定会重复,我由于清晰地刻画了一条暗淡的路径而被指责。我这样做的意义在于使安全化研究者意识到,"气候安全"的含义可能比人们原先想象的要少得多,并且不一定是好事。

进一步的研究

对一个安全领域的安全化进行道德评价可能对安全研究有着更广泛的影响。它表明安全研究的焦点应该从几乎完全关注"行动者如何安全化",转向同时关注"何时以及如何实现安全化"。这样的转变符合最近一本主流建构主义著作中的观点,即国际关系理论家将重点关注我们应该如何行动。[①] 这本著作进一步表明,建构主义擅长分析规范的理论化,因为建构主义者针对我们应该如何行动的问题给出了一个负责任的答案:"不仅取决于一个人如何在抽象中做出正确的评价,而且取决于一个人可能对工作有什么样的合理期望,因而将此作为一个行动或判断的准则。"[②]换句话说,规范性必须限于可能的事物。在安全关系中,只有当我们将自己从我们想要做的事情中抽离,并专注于安全工作,我们才可以确定什么是可能的。这就是安全化理论的来源,它为我们提供了有用的见解,让我们了解了什么是可能的。只有在对这个问题有了答案之后,我们才能在第二步进入规范性领域,并为可能发生的问题提出可行的解决方案。

虽然我对环境安全领域的研究没有解决其他安全领域(由哥本哈根学派认定为军事、政治、社会和经济领域的安全)关于"我们应该如何实现安全化"的问题,但可以对有兴趣研究安全化的人员提供很多有价值的见解,如以下几点:(1) 并非所有的安全化都是相同的,其主导者或受益群体是不同的;(2) 非安全化会导致政治化,但也会导致非政治化;(3) 结果主义是关于

---

① Christian Reus-Smit, "Constructivism and the Structure of Moral Reasoning", in Richard M. Price (ed.), *Moral Limit and Possibility in World Politics* (Cambridge University Press, 2008), pp.64ff.

② Richard M. Price, "Moral Limit and Possibility in World Politics", in Richard M. Price (ed.), *Moral Limit and Possibility in World Politics* (Cambridge University Press, 2008), pp.6 - 7.

正义的一个建设性的理论;(4) 人类福祉是一个有用的价值单元。其中最后一点是最具挑战性的。在环境安全领域中的研究者相对来说更倾向于认为,环境安全是实现人类福祉的必然要求,其他领域的研究者还能提出什么见解才能和它具有同样的地位呢?考虑到不同的学者对这个问题必然给出不同的答案,因而研究者应设计不同的、相互竞争但又相互补充的研究项目,将当前的关注点从"行动者如何实现安全化"的问题转移到"行动者应该如何实现安全化"的问题上。

附　　录

英文缩写	英 文 全 称	中文名称
ANWAP	Arctic Nuclear Waste Assessment Program	北极核废料评估项目
APP	Asia-Pacific Partnership on Clean Development and Climate	亚太清洁发展与气候伙伴计划
BRAC	base realignment and closure	军事基地重组与关闭
CAA	Clean Air Act	清洁空气法案
CCMS	Committee on the Challenges of Modern Society	现代社会挑战委员会
CERCLA	Comprehensive Environmental Response, Compensation and Liability Act	综合性环境反应、赔偿与责任法案
CIA	Central Intelligence Agency	中央情报局
DEIC	Defense Environmental International Cooperation	国防环境国际合作计划
DERP	Defense Environmental Restoration Program	国防环境修复计划
DOD	Department of Defense	国防部
DOE	Department of Energy	能源部
DOS	Department of State	国务院
DRL	Bureau of Democracy, Human Rights and Labor	民主、人权和劳工局
EISA	Energy Independence and Security Act	能源独立与安全法案
EPA	Environmental Protection Agency	环境保护署
ESA	Endangered Species Act	濒危物种法案
ESOH	Environment, Safety, and Occupational Health	环境、安全和职业健康
ESTCP	Environmental Security Technology Certification Program	环境安全技术认证计划
FWS	Fish and Wildlife Service	鱼类及野生动植物管理局
GCC	Gore-Chernomyrdin Commission	戈尔-切尔诺梅尔金委员会

INRMP	Integrated Natural Resources Management Plan	自然资源综合管理计划
IPCC	Intergovernmental Panel on Climate Change	联合国政府间气候变化专门委员会
MBTA	Migratory Bird Treaty Act	候鸟条约法案
MCA	Millennium Challenge Account	千年挑战账户
MMPA	Marine Mammal Protection Act	海洋哺乳动物保护法案
MOP	Memorandum of Partnership	合作备忘录
MOU	Memorandum of Understanding	谅解备忘录
NSC	National Security Council	国家安全委员会
ODUSD-ES	Office of the Deputy Under Secretary of Defense，Environmental Security	国防部副部长帮办环境安全办公室
ODUSD-I&E	Office of the Deputy Under Secretary of Defense，Installations and Environment	国防部副部长帮办设施与环境办公室
OES	Bureau of Oceans and International Environmental and Scientific Affairs	海洋、国际环境和科学事务局
OUSGA	Office of the Under Secretary of State for Global Affairs	全球事务副国务卿办公室
PEER	Public Employees for Environmental Responsibility	公职人员环境责任协会
PRM	Bureau of Populations，Refugees，and Migration	人口、难民和移民局
RCRA	Resource Conservation and Recovery Act	资源保护与回收法案
REPI	Readiness and Environmental Protection Initiative	整治与环境保护倡议
SDREPA	Sustainable Defense Readiness and Environmental Protection Act	可持续国防备战和环境保护法
SERDP	Strategic Environmental Research and Development Program	环境研究战略与发展计划
USAID	United States Agency for International Development	美国国际开发署

译 后 记

20 世纪 90 年代后的全球化时代，环境安全问题因成为全球公共问题和全球非传统安全议题而引起普遍关注。一方面，在资源竞争性使用中的资源争夺被视为引发全球环境安全问题的重要原因；另一方面，环境安全问题又进一步加剧了全球安全威胁，进而扩大了传统意义上国际安全的范围。国际上众多学者力图构建一个能够把新的相关因素纳入其中的整体性解释框架，其中最为著名的是来自北欧的哥本哈根学派。

哥本哈根学派认为，在国际关系中某一行动成为一场危机政治或一个安全议题的原因，不是这些行动所包含的目标威胁到了国家或某些实体，而是一个有影响力的安全化主体认为这些行动对现有的目标构成了威胁，为了让现有目标能够维持下去必须立即解决威胁。安全化被看成行动主体通过人为手段（包括言语行为）将客体建构为安全议题的一种实践过程。因此，安全化过程就是安全议题被建构的过程，即安全建构的过程。哥本哈根学派的安全化理论融合了语言学、社会学、国际关系学等多学科的思想，旨在以建构威胁的话语为研究对象，通过语言学建构主义分析工具研究安全问题。

本书作者丽塔·弗洛伊德是英国伯明翰大学政治科学与国际研究系冲突和安全方向的资深讲师。本书把环境安全的主题与哥本哈根学派安全化理论的主旨结合在一起，通过对 20 世纪 90 年代以来美国环境安全政策变化过程的分析，提出了一个修正的安全化理论，使安全化研究者既能够对安全化主体的意图进行洞察，也能够对环境安全方面的安全化和非安全化进行道德评价。本书提供了对环境安全研究的全面概述，涵盖了对环境安全多样化理论和经验方法的解释，对环境安全研究做出了积极的贡献，同时也为研究全球安全问题及关注美国环境安全政策制定过程的学者和政治家，提供了一个独特的分析视角与框架。

译 后 记

本书由张良组织翻译，其中张良翻译导论、第 1 章、第 2 章、第 3 章，周婉婷翻译第 5 章，苏燕珺翻译第 4 章、第 6 章、第 7 章，并由张良负责统一核校。

张　良

2019 年 3 月

于华东理工大学徐汇校区

内 容 提 要

近年来，环境安全作为非传统安全领域面临的重大挑战，引起国际社会的普遍关注。本书综合了环境安全主题的演化及哥本哈根学派的安全化理论，对从克林顿政府到布什政府执政期间美国环境安全政策的变化做了详细分析，同时对造成美国环境政策变化的原因进行了深入研究。在此基础上，本书提出了一个修正的安全化理论，这一理论既能洞察安全化主体的行为意图，也能经得起环境安全领域的道德评价。本书的分析过程和主要结论对研究国际关系的学者、关注安全方面的政治人士，以及学习国际环境政策和美国政策制定过程的学生等都具有一定的参考价值。